Ein Wort über die Pflegung und Erhaltung der Forsten und der Bauern im Sinne einer höheren d. h. menschlichen Gesetzgebung

von

Ernst Moritz Arndt

Schleswig, 1820

Neuausgabe Hamburg, 2023

Die Schrift „Ein Wort über die Pflegung und Erhaltung der Forsten und der Bauern im Sinne einer höheren d. h. menschlichen Gesetzgebung“ von Ernst Moritz Arndt erschien zuerst als Artikel in zwei Teilen in „Der Wächter – eine Zeitschrift in zwanglosen Heften von Ernst Moritz Arndt“, Köln 1815 und 1816, und noch einmal als Buch 1820, „gedruckt und verlegt im Königlichen Taubstummen-Institut“ in Schleswig, „in Commission bei Carl Tauchnitz“ in Leipzig. Die vorliegende Neuausgabe des Textes, von Fraktur in Antiqua übertragen aber sonst unverändert, beruht auf der Buchausgabe von 1820.

Herstellung: BoD – Books on Demand, Norderstedt

ISBN:
Hardcover: 978-3-938789-04-9
Paperback: 978-3-938789-05-6

Bibliografische Information der Deutschen Nationalbibliothek:

Die Deutsche Nationalbibliothek verzeichnet diese Publikation in der Deutschen Nationalbibliografie; detaillierte bibliografische Daten sind im Internet abrufbar über http://dnb.dnb.de.

Ernst Moritz Arndt (1769–1860)

Editorisches Vorwort

Die Denkschrift „Ein Wort über die Pflegung und Erhaltung der Forsten und der Bauern im Sinne einer höheren d. h. menschlichen Gesetzgebung" von Ernst Moritz Arndt erschien zuerst als zweiteilige Abhandlung in Arndts eigener Zeitschrift „Der Wächter", Teil Eins 1815 in Heft Drei und Vier des zweiten Bandes und Teil Zwei 1816 in Heft Eins und Zwei des dritten Bandes der Zeitschrift. Als eigenständige Publikation veröffentlichte Arndt die ganze Schrift noch einmal 1820, in Schleswig. Dieser Nachdruck von 1820 liegt der vorliegenden Neuausgabe zugrunde.

Die Frakturschrift des Originals wurde in lateinische Schrift übertragen; insoweit hat die angenehme Lesbarkeit Vorrang vor der Authentizität der Wiedergabe. Die Rechtschreibung und Interpunktion hingegen wurde ohne Änderungen und Anpassung an die heutige Übung übernommen, was der an der Geschichte der eigenen Sprache interessierte Leser gewiss zu schätzen weiß. Nur die Großbuchstaben für die Umlaute, die im Original noch Ae, Oe und Ue geschrieben sind, wurden durch die Buchstaben Ä, Ö und Ü ersetzt, die tatsächlich erst Jahrzehnte später, zwischen ca. 1870 und 1905, das alte Ae, Oe und Ue in der Druckschrift verdrängten. (Für die Kleinbuchstaben ä, ö und ü schrieb man schon vorher das den Umlaut kennzeichnende kleine e über dem a, o oder u.) Für die Neuausgabe korrigiert wurden schließlich eine Handvoll offensichtlicher Setzfehler, die im Übrigen auch in der Erstveröffentlichung von 1815/16 nicht vorhanden waren. Unverändert übernommen wurden die Hervorhebungen von Textpassagen durch gesperrten Druck.

Inhaltlich unterscheiden sich der Erstdruck von 1815/1816 und die Ausgabe von 1820 in zwei Punkten. Am Ende des ersten Teils in der Zeitschrift von 1815 hatte Arndt noch zwei Kapitel aus einem von ihm im selben Jahr herausgegebenen Buch „Fantasie für ein künftiges Deutschland von E. von S." abgedruckt, quasi als Vorgeschmack auf den zweiten Teil, denn darin werden die Grundgedanken einer guten Land- und Agrarordnung, die Arndt im zweiten Teil ausführlich erörtert, schon einmal genannt. Dieser Einschub ist wegen der inhaltlichen Doppelung entbehrlich und fehlt daher in der Buchausgabe von 1820 und also auch in der vorliegenden Neuausgabe.

Dafür ist der Ausgabe von 1820 – und dieser Neuausgabe – ein Vorwort E. M. Arndts vorangestellt. Arndt wehrt sich darin gegen den Vorwurf einer ihm immer wieder unterstellten grundsätzlichen Feindseligkeit gegenüber dem Adel und den Fürsten. Tatsächlich war er ein großer Verfechter der Bauernbefreiung; schon 1803 erschien sein tiefgründiger „Versuch einer Geschichte der Leibeigenschaft in Vorpommern und Rügen", und auch und gerade in der Abhandlung über „die Pflegung und Erhaltung der Forsten und der Bauern" von 1815/1816 übt er harte Kritik an den Junkern und der „Junkerei" und der Unfreiheit des historischen Lehnwesens. Wegen dieser Äußerungen oder des darauf bezogenen Vorworts konnte Arndt das Buch nicht in Preußen veröffentlichen und musste einen Publikationsort außerhalb Preußens suchen, den er in Schleswig fand. Ins Visier der Zensur war Arndt indes schon in den Jahren zuvor geraten wegen der demokratischen, das heißt fürstenkritischen Ideen, die er in seinen damals sehr weit verbreiteten Schriften vertrat. Mit Verdacht auf subversive Gesinnung wurde 1818 eine erste polizeiliche Untersuchung gegen ihn eingeleitet, 1819 wurde er im Rahmen der Demagogenverfolgungen kurzzeitig inhaftiert, wurden sein Haus durchsucht und seine Papiere beschlagnahmt, und 1820 schließlich wurde er seines Lehramtes als Professor an der Universität Bonn enthoben.

Vor diesem Hintergrund ist es nicht verwunderlich, dass damals und auch späterhin vor allem die reformerischen Ideen zu einer guten Land- und Agrarordnung, die im zweiten Teil der vorliegenden Schrift erörtert werden, Gegenstand des Interesses und der Rezeption waren. Arndts Proposition, dass mindestens zwei Drittel des Agrarlandes von freien Bauern bewirtschaftet werden sollte und dass das Bauernland nicht durch Erbteilung so zerstückelt werden dürfe, dass es dem einzelnen Landwirt keine unabhängige Existenz mehr ermöglicht und in der Folge vom Großgrundbesitz einverleibt wird, mag auf den ersten Blick nur noch von historischem Interesse sein. Doch bedenkt man die heutige Ausdehnung der Agrarindustrie und Zerstörung bäuerlicher Strukturen in aller Welt, so gewinnen Arndts Überlegungen *mutatis mutandis* doch wieder eine gewisse aktuelle Relevanz. Im zweiten Teil seiner

Schrift steckt gewissermaßen eine Kritik der Agrarfabriken und des *Landgrabbing*.

Doch wirklich sensationell, geradezu prophetisch, auf jeden Fall hochaktuell sind Arndts Ausführungen über die Bedeutung des Waldes für das Klima, den Wasserhaushalt und die Fruchtbarkeit der Böden. Diese im ersten Teil der Schrift vorgetragenen Naturschutzgedanken allein rechtfertigen die Neuherausgabe des Buches. Arndts ökologische Einsichten sind tiefgründig und in mancher Hinsicht selbst noch der heute herrschenden Lehrmeinung etwa der Klimatologie voraus. So erkennt er, dass die Natur bestrebt ist, die Erdoberfläche fast überall mit belebten Strukturen zu bedecken, und sich nicht von selbst erschöpft, sondern dass es praktisch immer der Mensch war, wenn eine vormals bewachsene Gegend versteppt und verwüstet ist. Er vermutet, dass sogar die Wüste Sahara und viele Wüsten Arabiens und Mesopotamiens entstanden sind, weil der Mensch die Bäume zerstörte.

Die vom Menschen ruinierte Landschaft und degradierte Fruchtbarkeit eines Landes wirken aber auch auf den Menschen zurück. So räsoniert Arndt auch ausführlich über den Einfluss der Natur auf das Wesen der Menschen, was nach ihm noch manchen anderen Autor beschäftigen sollte. „Der Mensch und die Natur machen einander gegenseitig", schreibt Arndt in diesem Essay.

Wie sehr der Mensch schon seit grauer Vorzeit die Natur verdirbt und Länder unfruchtbar macht, wurde im 19ten Jahrhundert wiederholt und eingehend thematisiert, so zum Beispiel von Carl Fraas („Klima und Pflanzenwelt in der Zeit, ein Beitrag zur

Geschichte beider", 1847). Doch Arndt war der erste, der die ganz große Perspektive auf den anthropogenen Landschaftswandel und dessen klimatische Auswirkungen aufmachte und ging darin viel weiter als Alexander von Humboldt, dessen zu diesem Zeitpunkt, 1815, noch gar nicht veröffentlichten Einsichten über den Einfluss des Waldes auf den Wasserhaushalt der Natur und die Schädlichkeit der Entwaldung für das Klima er noch gar nicht kennen konnte.

Auch wenn dieser sozusagen ökologische Teil Arndts' Essays von 1815 bzw. 1820 zur damaligen Zeit wenig Beachtung fand, hat doch ein anderer ökologischer Vordenker seiner Zeit, der Forstwissenschaftler Heinrich Cotta (1763–1844), die Bedeutung der kleinen Schrift gleich erkannt. In der ersten Fortsetzung seines 1819 erschienenen, ebenfalls bedeutenden und heute höchst aktuellen Buches „Die Verbindung des Feldbaues mit dem Waldbau *oder* die Baumfeldwirtschaft" zitierte Cotta 1820 Arndts Schrift über ganze 16 Seiten und urteilt dann: „Der hochberühmte Arndt hat hier auf eine unübertreffbare Weise den wichtigen Einfluß dargestellt, welchen die Waldungen auf die Fruchtbarkeit der Erde und auf das Wohl der Menschen haben. Er hat insbesondere gezeigt, daß die angemessene Vertheilung der Waldungen – oder was für den vorliegenden Zweck einerlei ist – der Bäume, höchst nützlich sey. Er ist von dieser Wahrheit und von ihrer Wichtigkeit so sehr überzeugt, daß ihm, dem Verständigen, selbst die so ungeheuren Opfer nicht zu groß dünken, die er der Ausführung seiner Waldvertheilung und Waldeinrichtung gebracht wissen will."

Die von Arndt vorgestellte Waldordnung sieht nicht nur die Erhaltung und Pflege des Waldes vor, insbesondere auf den Bergen, Höhen und Kuppen, sondern auch eine Wiederbewaldung in großem Stil, was, weltweit gesehen, in der Tat eine ungeheure Aufgabe ist. Doch, um mit Arndts eigenen Worten zu schließen, „was durchaus getan werden muss, das kann auch getan werden, eben weil es getan werden muss“.

Kristof Berking

Inhalt

Ein Wort
über die
Pflegung und Erhaltung
der
Forsten und der Bauern
im Sinne einer höheren d. h. menschlichen Gesetzgebung.

Von

E. M. Arndt.

Schleswig, 1820.
Gedruckt und verlegt im Königlichen Taubstummen-Institut.

Leipzig,
in Commission bei Carl Tauchnitz.

Die folgende Abhandlung, welche vor fünf Jahren mit mehreren andern in der Zeitschrift dem Wächter erschien, wird hier wieder abgedruckt. Der Ursachen des Wiederabdrucks sind zwei: die erste öffentliche Entstellungen meiner Grundsätze durch meine Feinde, die zweite die Wichtigkeit des Gegenstandes selbst, wovon in dieser Abhandlung die Rede ist. Über beides ein paar Worte.

In mehreren Zeitungen und fliegenden Blättchen bin ich in dem letzten halben Jahre mit solchen zusammengestellt, von welchen man behauptet, sie seyen geschworne Feinde alles Adels und aller Fürsten; man hat vorgegeben, ihre Grundsätze seyen die meinigen. Ich finde nicht länger einen Grund, dazu zu schweigen, wiewohl ich auch keinen dringenden Grund habe, mich gegen solche Verleumdungen eben sehr aufzulehnen. Denn das habe ich in der verhängnißvollen Zeit, worein mein Leben gefallen ist, gelernt, daß weder das Lobgeschrei noch Schimpfgekrächze der Menge etwas hilft, wo nicht einen durch Zorn und Eitelkeit aufzublähen: Blähungen, die beide gleich verderblich sind. Ich weiß auch den Spruch auswendig, den der Herr einst zu seinen Jüngern und Sendeboten gesprochen: Weh Euch, wenn euch alle schön sprechen! Ein Spruch, den sich sogar ein kleiner Schriftsteller zu merken hat, den aber alle Fürsten und Minister mit goldenen Buchstaben über ihrem Schreibtische sich an die Wand mahlen lassen sollten. Ich bin schon zufrieden, daß ich einiger Menschen stolz und sicher seyn kann, der Wenigen, die mich kennen und die von solchem Unzeuge nichts glauben werden, weil es nicht mein Unzeug ist.

Dies veranlaßt mich nun auch, mich hier ein Mal für alle Mal frei und offen zu erklären und zu bekennen: ein gutes Bekenntniß, hoff' ich, in einer guten Sache. Denn ich sehe nichts so Kostbares auf dieser Erde, weswegen ich mich in meinem funfzigsten Jahre noch fürchten sollte; auch liegt mir die Pflicht ob, meinen Freunden zu zeigen, daß ich das nicht bin, was die Engländer mit einem schlagenden Worte einen *go-between* nennen: ein Zwischenläufer, ein pfiffiger und politischer Durchschlüpfer. Denn jauchzend haben viele jüngst gerufen und rufen hin und wieder noch: Nun werden wir sehen, wie hasisch und füchsisch sie durchzuschlüpfen suchen werden. Ich soll ein gefährlicher und erbitterter Feind des Adels seyn. Das haben meine Feinde hie und da ausgesäet und in fliegenden Blättern rundfliegen lassen. Ich aber frage sie: wo steht das geschrieben? Doch, statt auf ihre Antwort zu warten, will ich diese Frage sogleich selbst beantworten, und zwar auf meine Weise und auf die Weise, wie ich es zum Theil früher schon gethan habe. Wir ist nach der hohen Idee, die ich vom Adel habe und die unsre frühere Geschichte vom Adel gehabt hat, nicht jeder ein gültiger Edelmann, der das Heer von vor seinem Namen führt. Es giebt hier gar zu viele Herren von Schlössern, die in der Luft liegen, von rechten spanischen Schlössern. Ich habe zwischen dem Junker und Edelmann immer unterschieden, und unterscheide auch hier zwischen diesen beiden sehr verschiedenen Gewächsen. Ich habe unter den Junkern meine bittersten Feinde gehabt, wie unter den Edelleuten meine treuesten Freunde; und so ist es bis auf diesen heutigen Tag. Es sind jetzt sechszehn Jahre und ein wenig darüber, wo ein rechtschaffener offener Kampf gegen Junkerei in der heimathlichen Insel durch Hinterlist und Anklage hinter dem Rücken bei meinem damaligen Könige mich beinahe an einen Ort gebracht hätten, wo weder Sonne noch Mond scheint. Die das damals wollten, haben mich seitdem nicht losgelassen, ich sie auch nicht, wenigstens nur absatzweise. Wir beide kommen immer ganz natürlich wieder gegen einander zu stehen. Ich scheine nur gelernt zu haben, daß diese Zeit keine Junker ertragen kann; sie scheinen nur zu wissen, daß die Junker das einzige Heil der Welt, das Salz der Erde, die Genossen und Stützen der Thronen, die einzigen immerstolzen und immerfreien Seelen und Lichter der Staaten sind und seyn müssen: was darunter und daneben ist Pöbel und wird im Staate nur gezählt nicht gewogen, und das von Rechtswegen. Denn der Junker ist von Natur ein sehr listiges und schmeichlisches Geschöpf und weiß sich eben so allgefügig und allgeschmiegig, und zu gleicher Zeit allherrisch und allknechtisch in alle Biegungen einzuschwenken und durch alle Löcher zu schlüpfen, als der Edelmann stolz, grad und fest durch die Welt und ihre Verhältnisse durchschreitet. Daß zwischen dem Adel, dem hohen und unabhängigen Adel und den Fürsten ein nahes und inniges Verhältniß ist, liegt offen am Tage; daß es aber zwischen den Junkern und Fürsten auch sey, habe ich und haben viele gescheidtere Leute, selbst mit doppelten Scharfgläsern und

Ferngläsern bisher nicht entdecken können, obgleich jene immer im Munde führen: wir sind der Fürsten und Könige Volk, wir sind die gebornen Vorkämpfer und Fürkämpfer. Ich habe nämlich mit jenen gescheidteren Leuten (man blättere bloß des weiland sehr gescheidten Spittlers Staatengeschichte ein wenig durch oder lese auch nur Vertots schwaches Büchlein von den Umwälzungen Europas) in der Geschichte gefunden, daß die Throne der Herrscher da am unsichersten gestanden sind, wo für Adel Junkerei geworden war. Man blättere die Jahrbücher des älteren Ungarns und Schottlands oder des neueren Schwedens und Polens nur ein wenig durch, und man wird ja wohl sehen, was denn von diesen kühnen Vorspiegelungen die Wahrheit ist.

Nun sind aber die Junker schlau genug, sich und ihr Daseyn und ihre Vortheile mit den Fürsten und dem Adel und mit dem Daseyn und den Vortheilen derselben immer zu mischen und sich zu gebärden, als seyen die Drei Eins. Wer sie angreift, wer ihr leeres und nichtiges Daseyn, ihre leeren und nichigen Ansprüche anficht, der wird Aufrührer, Umwälzer, Feind aller Ordnung und alles Gehorsams gescholten, der geht auf nichts Geringeres aus, als alle Grundsätze von Recht und Sittlichkeit und mit ihnen alle Thronen, Herrlichkeiten und Gewalten zu untergraben. Durch dieses flunckernde Voltaschlagen, durch dieses falsche Mischen und Wippen und Schnippen der Karten haben sie offen und geheim immer noch genug Augensand zu streuen verstanden, obgleich ihnen das gut geschliffene Schießpulver mehr und mehr auszugehen anfängt.

Wie ich es nun hinsichtlich der Junker meine und auch hinsichtlich des Adels, das zeigt eben diese Abhandlung. Ich will keinen andern Adel und darf keinen andern wollen, als einen freien und sicheren, d. h. auf so sicherem und festem Vermögen gegründet, daß er stolz und ruhig, und der Quälereien der kleinlichen Noth ledig im Volke da stehen könne. Will man den Adel erhalten, ja will man ihn wiederherstellen - denn seine Geltung ist ja zerfallen genug auch selbst in der Meinung - so dürfen nur reiche und auf den Landgütern angesessene Familien den Adel darstellen, alle andere müssen sich gefallen lassen, der Geltung und Bedeutung nach ins ganze Volk zurückzufallen.

Was in dieser kleinen Schrift nur in einem ungefähren Rahmen gefaßt und in leichten und schwankenden Umrissen hingestellt ist, das sollte ein großer Fürst oder edler Minister sich einmal als das feste Ziel seines Lebens, als eine Arbeit für zwanzig oder vierzig Jahre vor Augen stellen und täglich darauf schauen, bis der Mittelpunct, der eigentliche Kern der Ansicht, so unverrücklich sicher stünde, daß der Umkreis des Mittelpuncts sich wie von selbst zöge und die Ansicht Einsicht würde. Freilich eine Aufgabe voll Schwierigkeiten und Dornen, unendlich schwerer, als einen neuen Finanzplan zu entwerfen oder eine neue Wehrordnung zu schaffen, aber auch wie viel lohnender und wohlthätiger für die Folgezeit! Ich bin überzeugt, wie von dem unsterblichen Leben meiner Seele, daß ohne gute Ackergesetze kein guter Staat seyn, wenigstens auf die Länge nicht bleiben kann, daß dies der größte und wichtigste Vorwurf ist, welchen die Zeit den

Weisen und Guten unter den Gewaltigen aufgegeben hat. Hier sind noch Kronen der Unsterblichkeit und Beinamen der Gesetzgeber zu verdienen, wie Moses und Lykurgus deren weiland gewonnen und jene der Geschichte unbekannte Weisen und Helden der Vorwelt, welche unsern Altvorderen von Skandinaviens Fjäll bis zu den Gestaden des Rheins und der Donau einst die Verfassung schufen. Es können die besten Verfassungen, die weisesten Gesetzgebungen wenig frommen, wo es am Grunde des Gebäudes versehen ist. Der Grund des Gebäudes aller Verfassung aber ist mir zumeist der Untergrund selbst: der Grund und Boden des Staats, das Land, die Erde. Jedes Volk – schlagt die Blätter der Geschichte auf, wie viel ihrer sind – wird endlich nothwendig Gesindel, wo man die Bewohner und Bebauer des Landes, welche gleichsam die ewige Stärkung, Erfrischung, Ergänzung des Verlebten und leiblich oder geistig Zerriebenen seyn sollen, Gesindel werden läßt, wo die Verfassung den Grundbesitz dem Zufall und Wechsel überlassen hat, wo die Verhältnisse des großen und kleinen Landmanns, des Edelmanns (meines Edelmanns) und Bauers, nicht fest und auf die Dauer bestimmt sind. Denn es ist unvermeidlich, daß da, wo der Wechsel und die Theilbarkeit der Landgüter bis ins Willkührlichste und Unendliche erlaubt ist, nicht endlich ein polnischer Adel und ein chinesisches Pöbelvolk werde, – an beiden Enden. Nur da wird das Feste, Treue, Redliche, Tapfere und Unbesiegliche im Volke unvertilglich dauern, wo das Landvolk in so wohlthätigen Banden gehalten wird, daß es nicht, wie dies leider in manchen Gauen unsers teutschen Vaterlandes schon der Fall ist, eitelbesitzloses und wurzelloses Gesindel werden kann. Ich verstehe hier unter meinen wohlthätigen Banden nicht die alte Lehnverfassung, auch nicht die alte Guthörigkeit oder Leibeigenschaft; sondern ich meine den Adel und den Bauernstand auf Majoraten gegründet, die unmittelbare Majorate des Staats seyn sollen, ich meine die Unveränderlichkeit und die Unveräußerlichkeit der Güter für Edelleute und Bauren, daß sie nicht getheilt und zerstückelt werden noch aus dem Stande herausgehen können. *

Ich sage nach meiner Überzeugung und Erfahrung: Glücklich sind die Staaten, wo die Hälfte oder Zweidrittel des Bodens von freien Bauern besessen sind, und wo die Gesetze die Erhaltung dieser Bauern auf ihren Hufen sichern; glücklich sind die Staaten, die nur die großen adlichen Gutsbesitzer als Adel gelten lassen. Ich meine aber auch, wo dies Verhältnis nicht ist, wo es vielleicht einst war und zerrüttet oder untergegangen ist, da müsse es neu gemacht oder wiederhergestellt werden, wenn wir mit all unsrer europäischen Aufklärung, Wissenschaft und

---

* S. meine Abhandlung; Über den Bauernstand und seine Stellvertretung im Staate, Berlin 1815, 2., welche dieser Schrift gewissermaßen zur Ergänzung und Erläuterung dient.

Weisheit nicht endlich mit einander zu Trümmern gehen wollen.

Wenn ich z. B. als Fürst oder Minister den Bauernstand erst geordnet und befestigt hätte als die wichtigste Vorarbeit, so könnte ich dann nach den Hülfsmitteln und der Volksmenge meines Staats ungefähr berechnen, wie viele große und unabhängige, adliche Familien dieser Staat wohl tragen könnte. Diese würden dann für alle Zeiten auf Majorate begründet und gestiftet, das goldne Buch aber würde geschlossen, so daß nur, wenn Familien ausgestorben wären, diese durch neue Edelleute ergänzt werden dürften. Denn die Willkühr müßte hier durchaus durch ein Gesetz beschränkt werden.

Wenn nämlich der Bauernstand die Hälfte oder zwei Drittel des Grundes und Bodens als Bauerlehen des Staats inne hätte, so würde ich von der übrigen Hälfte oder dem übrigen Drittel dem Adel die Hälfte als festes Majorat zutheilen. Was von dieser wieder halbirten Hälfte nun als letzte Hälfte noch unbeschlagen und unbelegt bliebe, das ließe ich frei für jeden beliebigen Besitz und Wechsel des Besitzes, damit auch die andern Bürger des Staats, die eben nicht Bauren oder Edelleute wären, Gelegenheit hätten, Landbesitz zu erwerben und sich des Landlebens und seiner Geschäfte zu freuen.

Auf diese Weise wäre die Hauptsorge abgethan für alle und für alles und ich hätte durch diese einfache und natürliche Einrichtung die Thätigkeit, Ehrenfestigkeit, Treue und Tugend an der immer noch besten und freundlichsten Hegerin, Pflegerin und Erzieherin des Menschen, an der Erde selbst, befestigt. Solch ein Gesetz würde ich schreiben, nicht mit grüner Farbe oder blauer Farbe noch mit dem Cacas de Dauphin des Tages, sondern mit dem unauslöschlichen rothen Pinsel des Kaisers von China. Denn was er mit dem rothen und unauslöschlichen Pinsel geschrieben hat, das steht unverrücklich fest für alle Zeiten.

Daß bei einer solchen Verfassung und Anordnung nicht die Köpfe gerechnet und gewogen werden, sondern allein die Seelen, versteht sich von selbst. Bei meiner Rechnung, wo nur Gediegenes und Gewichtiges auf die Waage gelegt wird, kommt es mir auf ein paar Nullen mehr oder weniger nicht an: denn da bleiben die Nullen wirklich Nullen. Und damit ich es mit Einem Worte ausspreche: Ich will in Ostfriesland, Madgeburg, Hessen lieber 1800 und 2000 Menschen auf einer Geviertmeile, als im Erzgebirge, im Bergischen Lande und hin und wieder am Rhein, wo der Bauerstand durch Zerstückelung der Güter fast ausgelöscht ist, 4000 oder 5000 Köpfe, die neben dem Landbau allerlei Gewerbe und Geschäfte treiben, die nebenbei allerlei sind und haben, nur das nicht sind und nicht haben, was Bauern seyn und haben sollen. Ich will und wünsche den tüchtigen Edelmann und den tüchtigen Bauer, den freien, ehrenfesten, tapfern Menschen, eine treue und feste Wehr und Faust im Kriege, wann es gilt, das Vaterland und sein uraltes heiliges Erbe zu vertheidigen, eine noch treuere und festere Wehr im Frieden, wann es gilt, Gesetz und Zucht im Staate zu erschaffen und – das Schwerere – Gesetz und Zucht zu erhalten.

So finde ich den sichersten Grund des Staats in diesen beiden Ständen, die im teutschen Lande ursprünglich nur Einen Stand ausmachten und auch fast den einzigen. Ich bin aber bei dieser Ansicht, die ich immer aufgeben kann, nicht so schnöd und einseitig, daß ich alle, die nicht auf Schollen angesessen sind, nur Häuerlingen und Miethlingen gleich achtete oder über die weite Welt versprengten und verschüchterten Juden und Zigeunern, als die da auf Erden nirgend eine Stätte hätten, wie in unsern Tagen einige sich unterstanden haben zu behaupten, welche eines großen Mannes (Justus Mösers) großartige geschichtliche Ansicht, die aber meist nur für das Mittelalter ihre volle Gültigkeit hatte, wie sie aus dem Mittelalter entsprungen war, so weit ausgesponnen, sein Gold so weit gereckt und gedehnt haben, daß aus Gold Goldschaum geworden ist und nicht einmal Goldschaum. Wir sind Christen und sind als Christen freilich in aller Beziehung unstäte Pilger und Fremdlinge auf Erden, aber in politischer Hinsicht sind wir eben als Christen Miterben und Mitbewohner des Landes, nicht aus Gnaden sondern aus Recht. Ich meine allerdings, daß auch die Bürger des Staats, die nicht Edelleute und Bauern sind, nicht Taubstumme seyn müssen, sondern ein Stimmrecht in demselben haben sollen; wie aber, das geht mich hier nichts an. Wir Teutsche haben lange aufgehört bloß Edelleute und Bauern zu seyn. Ich hätte lieber sagen sollen: wir sind es lange schon viel zu wenig gewesen.

Nachdem ich den rechten Edelmann und Bauer mit der heiligen Tinte habe schreiben und mit dem unauslöschlichen rothen Kaiserpinsel habe übermahlen lassen für ewige Zeiten, zuletzt noch ein Glaubensbekenntnis, das zugleich ein politisches und ein religiöses ist, und das ich ohne Furcht und Zagen abzulegen bei dieser Gelegenheit mich berufen fühle.

Ich bin Protestant. Sehr zufällig wahrscheinlich, weil von protestantischen Eltern gezeugt und im protestantisch lutherischen Lande gebohren und erzogen. Aber doch freue ich mich und habe mich gefreut von der ersten Stunde meines freien und lichten Bewußtseyns bis diesen Tag, daß ich Protestant bin und in dem Athem und Glanz der freien Luft und des freien Lichts des Protestantismus aufgewachsen. Ich glaube auch, daß ich bei dieser Freude, daß ich ein Protestant bin, ehrlich gestrebt und gearbeitet habe zu erkunden und zu erkennen, was der Protestantismus an sich ist und was er nun drei Jahrhunderte in dem europäischen Leben und der europäischen Geschichte bedeutet hat. Ich meine, ich habe seine Vortheile und Wohlthaten einigen nicht mißfällig hin und wieder geschildert, aber auch die Nachtheile und die Übel nicht verschwiegen, deren seine Gegner ihn beschuldigen, die ihm freilich die ganze unendliche Last der drei letzten Jahrhunderte auf dem Nacken wälzen, so daß dieser allerdings steife und mächtige Nacken fast zu viel zu tragen hat, obgleich er was Ehrliches tragen kann. Der Protestantismus soll nun einmal – besonders wenn man die jüngsten Glocken des Tages läuten hört – an allen Übeln und Gebrechen jener Jahrhunderte schuld seyn. Was sage ich? Übel und Gebrechen? Nein, auch an allen Verbrechen und Gräueln soll er schuld seyn, er und kein andrer, besonders an dem Reichthum von Unheil und Unglück, was das letzte Jahrvierzig über uns hingewälzt hat. Dies sagen uns nicht blos eifrige Anhänger der alten Kirche sondern wir können es bis zum Überdruß in Büchern von Schriftstellern lesen, die sich Protestanten nennen. Es läuft in diesen Tagen ein mächtiger Strom, wenn gleich nicht mit hellem und klingendem Wasser, doch ein voller Strom in unsre Literatur hinein, vor welchem einem bangen könnte, wenn man den Gott aller Geschichte, und wenn man den christlichen Gott der Geschichte jener Jahrhunderte, ja der Geschichte dieser jüngsten Jahre nicht zu klar erkannt hätte. Die auf jenem Strom oben schwimmen, und wenigstens gleißen, wenn auch nicht glänzen, zeigen uns von unsrer Zeit und von den Jahrhunderten, die ihr vorangingen, ein so häßlichers und verworrenes Kehr- und Zerrbild, daß viele erschrocken zurückfliehen, welche das helle, lichte Angesicht, ja auch das milde, freundliche Angesicht derselben, welches in diesen Nebeltagen freilich nur für Secunden hervorleuchtet, nie in seinem vollen Glanze erblickten. Jene Blanken auf dem Strome schnallen sich die alten Rittersporen an und hängen sich den alten Priestermantel des Mittelalters wieder um und rufen: da war es allein, da blühte Glück, Freiheit und Frömmigkeit, da allein und nirgends anders; dahin zurück mit gläubigen, kindlichem Sinn! dahin zurück! und holt euch Rettung, Glückseligkeit und Frieden. Die Thoren! oder die Narren! denn viele sind auch Narren. – Die Zeit hat die alten Rittersporen abgeschnallt, ihr Rost hat sie durchfressen, vergoldet sie euch, wie viel ihr wollt, sie bräunen sich immer wieder. Die Zeit hat den ehrwürdigen, alten Priestermantel verkürzt und verschnitten; ihr möget daran lappen und nähen, wie viel ihr wollt man wird den neuen Ansatz von dem alten unterscheiden. Wir haben eine andere Ritterschaft und ein anderes Priesterthum, oder vielmehr wir warten derselben. Das Alte, wenn es auch zu seiner Zeit herrlich war, wird nicht wieder jung, die Todten stehen nicht wieder auf. Waget jung zu seyn in eurer Zeit, waget jung zu werden mit der jungen Zeit, und ihr werdet sie für ein würdiges Alter erziehen können. Es muß aber wahrlich ganz anders geritttert und gepriestert werden, als ihr es meint, wenn es Gott und dieser Zeit gefallen soll. Durch euer hohles, mystisches und mystifizierendes Geklingel macht ihr kaum die dünnen Gespenster der Grüfte wach, worin die großen Gestalten der Vergangenheit schlafen; was sage ich? nein nur die Eulen, Racheraben, Füchse und Marder, die sich in dne Ruinen ihrer Burgen und Dome eingenistet haben und mit welchen ihr die mitternächtlich kreischende Klage halten könnt, daß hienieden alles vergänglich ist. Sie selbst, die Wirklichlebendigen, ja die Unsterblichen sind anderswohin entwichen, wenn ihr sie bei euch nicht habt unter der linken Brust wieder ansiedeln können.

Ich bin Protestant. Ich protestire gegen jeden hasigen und füchsischen Rückschritt in jede fern entlegenen Zeiten; ich protestire, weil ich solches Rückschreiten erkenne zugleich als Unrecht und als Narrheit. Die Narrheit ist aber in politischer Hinsicht das größte Unrecht, weil sie aus Unrecht leicht Unheil gebiert. Begreift ihr denn nicht, welches Unmögliche und Unthuliche ihr begehrt und thut? Habt ihr denn nicht Mosen und die Propheten? habt ihr denn nicht Geschichte und ihre Weissagungen? haben denn für euch alle Glocken der Stunde vergebens geschlagen? alle Glocken des Lebens und des Todes, die zugleich an das Bleibende und an das Vergängliche mahnen? ist für euch denn alles, auch das letzte Gräulichste, Fürchterlichste und Wundervollste usw., was wir erlebt haben, ohne Klang, Stimme, Mahnung und Warnung gewesen? und hat der Donner nur für Taube eingeschlagen und für Blinde gezündet?

Ich bin Protestant und will euch nur auffordern einige besonnene und heitere Tage, die Geschichten jener von euch verdammten drei Jahrhunderte ein wenig durchzublättern und die Völker und Länder Europas zu sichten und zu wägen, wenn ihr es könnt oder wenn euer eitler Hochmuth es erträgt: zu fragen und zu wägen, und dann auch zu erwägen, wo in diesen Jahrhunderten die Stärke, der Schwung, der Trieb, die Kraft, das Leben und der Ruhm gewesen sind, und wie diese erlauchten Potentaten der Geschichte rund gewandelt sind und gewechselt haben von Volk zu Volk und von Land zu Land bis auf diese Stunde, die wir erleben. Betrachtet blos das nicht reiche Schweden mit seinen 30,000 bis 40,000 Streitern, den Freistaat der vereinigten Niederlande mit zwei Millionen Seelen, den kleinen Staat des großen Kurfürsten und des größten Friedrich um 1670 und 1760, England unter Elisabeth, Wilhelm dem Dritten, Georg dem Dritten – und dann löset euch auf, wie und warum die todten riesenmäßigen und massenhaften Gewichte anderer Völker und Länder von diesen an sich viel leichteren aber lebendigern sind gehoben und gestoßen, ja in die Luft emporgeschnellt worden. Das war der Geist des Lebens jener Zeiten, der in ihnen so freudig und mächtig war, das war der Geist des Protestantismus, den ihr den bösen Geist nennt, den man auf alle Weise beschwören und in die alten düstern Falten und Löcher des Mittelalters, wo es nun eitel Unheimlichkeit ist, zurückschwören und zurückbannen müsse. Dieser Geist ist noch der lebendige, geschwinde Geist, der noch heute die feurigen Schwingen schüttelt, und uns und die Welt auch wider Willen fortträg; er lebt und wirkt in allem mit, was diesseits und jenseits der Berge und diesseits und jenseits der Wasser geschieht, ja was in fernen Welttheilen auf erfreuliche und unerfreuliche Weise Neues und Ungeheures geschieht. Wer ihm folgt, den treibt er geschwind fort, wer ihm widerstrebt, den wirft er geschwind nieder.

Politisch betrachtet, ist dieses Geistes Wirken und Wollen mehr demokratisch als aristokratisch, wie Demokratie, Geist der protestantischen Aristokratie, Geist der katholischen Kirche ist. Das spreche ich unumwunden aus, weil es unumwunden die nackte, lautere, durch alle Geschichte bestätigdte Wahrheit ist. Der falsche oder gar erlogene Inhalt, womit Köpfe, die zu leer oder zu voll sind, unschuldige Wörter füllen, kann mich nicht abhalten, jedes Ding mit seinem wahren Namen zu nennen. Wie viel Gift die heftigen und unverständigen Übertreiber auf beiden Seiten auch auf die Wörter Aristokratie und Demokratie speien, diese Wörter haben einmal philosophisch und politisch ihre vorlängst bestimmte Bedeutung, sie sind als uralte Bezeichnung und Unterscheidung für gewisse Klassen der Gesellschaft, und für gewisse Strebungen der

Zeiten da, und tragen einmal so schwere Fracht der Begriffe in sich, daß man sie bequemer gebrauchen kann als andere, die vielleicht weniger gefährlich klängen.

Also das Demokratische wiegt vor in dem Streben der Zeit, weil das Streben der Zeit noch immer in den Ufern des Protestantismus läuft. Was heißt das? Heiße das: wie es die Junker und die Junkerischen übersetzen. Der Pöbel schwimme oben, der Pöbel will der Herr seyn, der Pöbel will alle Fürsten und Edelleute vertilgen und Menschlichkeit, Christenthum und Gottseligkeit mit den Wurzeln ausrotten? – Nein bewahre! so heißt es nicht und so sollte es nicht lauten – vom Pöbel ist in dem Worte nichts, wohl viel vom Volke – sondern es heißt und sollte lauten: Die Regierungen, welche in der Zeit erstarken und nicht weder Wind und Strom schiffen wollen, müssen das Volk (nicht den Pöbel) mit in das volle Bürgerrecht aufnehmen. Jene Übersetzung der Junkerischen aber, von dem Wörtlein Demokratie; ist gerade der Übersetzung gleich, welche die Jacobinischen (ihr ächtes Gegenbild) von dem Worte Aristokratie machen, wo es nur die Adelskaste, Adelhoffahrt, Adeltyrannei oder noch schlimmer lautet. So wird in Worten gesündigt, diesseits und jenseits.

Daß aber die Einzelnen einander gegenüber sündigen, ist in einer bewegten und gereizten Zeit, wie die unsrige, unvermeidlich und verständigen Leuten unverwunderlich. Nur die hoch oben sitzen oder stehen und das Schlachtfeld und Streitfeld überschauen und das wild brausende Meer der verschiedenen Strebungen und Meinungen in weiter

Fläche unter sich ausgebreitet liegen sehen, nur die hohen Befehler und Steuermänner haben sich zu wahren, daß sie nicht mit den andern unruhig und wild werden, und als Parthei zu der einen oder andere Seite übergehen; denn auf welcher Seite immer, sie stünden auf jeder unrecht, d. h. nicht an ihrem Platze.

Oft von mit Gesagtes und Geschriebenes sage und schreibe ich hier noch einmal. Die Welt hat der wirklichen Plage und Last, aber auch der geträumten Unruhe und Sorge so viel, daß sie reiner Hände, gewisser Herzen und klarer Köpfe bedarf, wenn ihre Elemente nicht immer wilder und verworrener durch einander fahren sollen. Gewissenhaftigkeit und Treue, Scheu vor Verletzung des heiligen Rechts, das alle wenigstens besser kennen als vormals, wenn es auch nicht alle besser üben, vor allen Besonnenheit und Heiterkeit, die der Muth und Stolz der Wahrhaftigkeit und Gewissenhaftigkeit allein geben können, werden durch die Strudel der Zeit wohl glorreich hinsteuern, auf jeden Fall, wenn so Schlimmes verhängt wäre, glorreich unterliegen. Wegspielen aber und wegscherzen, noch weniger wegheucheln und weglügen lassen sich Übel nicht, die für die gewöhnlichen Künste zu schwer sind; wegbannen und wegschrecken lassen sich Meinungen und Gedanken nicht, die durch Jahrhunderte tief gewurzelt, schon viele Geschlechter der Menschen haben begraben sehen. Ihr, die ihr herrscht mit dem Scepter und mit dem Schwerte, mit dem Worte und mit der Feder, zwei Wörtlein merkt euch, zwei kurze aber gewaltige Wörtlein: sie heißen L i c h t und R e c h t. Ein uralter Name und eine uralte Verheißung, die auf Erden nie erfüllt werden, aber deren Sehnsucht, so weit sie erfüllbar ist, zu erfüllen ihr berufen seyd. Nur durch die offene Kunst und die offene Genossenschaft, welche jene beide herrliche Weltherrscher Licht und Recht einzig anerkennen, wird die Zeit regiert und gesteuert und mit Gottes Hülfe auch beschwichtigt und besänftigt werden. Alles Geheime aber und alle geheime Bünde und Gesellschaften sind vom Übel, das schlimmste Geheimniß aber verwaltet die Geheime Polizei; denn was sie fangen wollen, fangen sie doch nicht: die Vögel, wonach sie haschen, haben zu dünnen und geschwinde Flügel und endlich ist auch Gott dieser Vogelstellerei nicht förderlich. Darum gleich sehr weg mit Jakobinern und Herrendienern, mit Anarchisten und Redemptoristen, mit Chainiten und Jesuiten. Das sind die falschen Propheten und die unwissenden Ärzte – wahrlich sie werden alle in die Grube fallen, die sie andern graben; ja die Furchen, die sie ziehen und worein sie die Saat der Zeit zu streuen meinen, wird unter ihrem Schelmenpfluge ein verschlingender Abgrund werden. Unsre Zeit hat nur Einen nuntius medicus restaurator und redemtor, der Licht heißt und wieder Licht. Durch dunkle und geheime Künste wird sie nicht mehr geführt, das Dunkle und Geheime kann sie nicht mehr ertragen, wenn sie eine christliche Zeit seyn und bleiben soll; das Böse und das Gute hat eine Macht und Mündigkeit erlangt, die offenen Kampf und offene Rechenschaft wollen.

Es ist einmal mein Lieblingsplan gewesen – Gott weiß, ob mein übriges Leben dafür Ruhe und Muße behält – die Geschichte meiner Zeit, d. h. des letzten Jahrhunderts, zu beschreiben, worin die Teutschen der Mittelpunkt sind, aber wozu die Engländer, mehr noch die Franzosen die Schlüssel halten. Hell wie Sonnenschein hat es oft vor mir gelegen das ganze unendlich weite Feld, hell und klar und in voller Erleuchtung, wohl zuweilen veruebelt und umnebelt, aber doch immer auf dieselbe Weise aus den Nebeln wieder hervorgegangen, und immer wieder durch dasselbe Licht und dieselbe Sonne erleuchtet. Es däucht mir, ich weiß, was als der Hauptgeist durch das Jahrhundert hinwandelt, zwischen den Jahren 1680 bis 1780. – Das Gerüst ist aufgebaut durch Ludwig den Vierzehnten, durch seine Kebsin du Maintenon, und durch seine Beichtväter la Chaise und le Tellier mit allen ihren Jesuiten. Diese haben den schweren Kämpfern auf beiden Seiten die Bahn geschaffen, sie haben einen grimmigen Kampf eingeleitet zwischen den Jansenisten und Jesuiten, und mit Gewalt Tücke und Trug eingesegnet, woraus der Gewalt der Tücke und des Truges genug hervorgehen sollte. Diese schweren Kämpfer, die endlich ganze Heerscharen als Mithelfer oder doch als Mitwünscher zur Seite hatten, sind nicht allein in Frankreich stehen geblieben, sie sind auf Europa übergegangen. Das leichte Gesindel, das in den Zwischenakten die Scherze und Possen gespielt hat, die Gauckler, Springer, Seiltänzer und Luftschwinger, diese haben die Bahn und den Kampf über die Welt verpflanzt. Da schwingt sich über alle der leichte Seiltänzer und Luftspringer Voltaire hin, und sein Nachfolger, der schwere blutige Springer, aber doch nur ein Springer, Napoleon Bonaparte, dem das Gauckeln endlich langweilig ward, und der das Seil zusammenknüpfte und einen Strick daraus machte, die Welt damit zu erwürgen. Es wandeln aber zwei große Gestalten mitten durch das leichte Gesindel mit hindurch, auf dem festen wohl gegründeten Boden der Erde stehend, die eine Gestalt verhüllten Antlitzes und sichern Schrittes des Luthers Geist, die andere Gestalt schweren Schritts und offenen Visirs, der preußische Friederich.

Wer Ohren hat zu hören, der höre! und wer Augen hat zu lesen, der lese und lese wieder! Er lese vor allen die Geschichte Ludwigs des Vierzehnten durch und präge sie sich wohl ins Gedächtniß, die Geschichte dieses Königs von dem Jahre 1685 bis 1715, bis an seinen Tod – macht grade dreißig Jahre, aber wie inhaltschwere und verhängnisvolle Jahre für Frankreich und für ganz Europa! Da wird er mit Schaudern lernen können, auf welche Weise Herrscher und Minister mit Beichtvätern und Höflingen Partheien stiften können für ein Jahrhundert und für länger – denn sind die damals entstandenen in Frankreich schon ausgestorben? – wie sie Haß pflanzen und Zwietracht säen können für lange Geschlechter der Menschen, worüber alte Thronen wanken und hinstürzen.

Wer das Vaterland liebt, hat wohl den Wunsch, daß solcher Haß und Argwohn, als damals in Frankreich wüthete, und Liebe und Treue nach und nach mit den Wurzeln ausrottete, von unsern Gränzen fern bleiben, daß, was als ein schwarzes Gewölk gekommen ist, als ein Gewölk ohne Donner vorüberziehe. Denn zu leicht ist es, Partheien schaffen und Patheiungen hervorrufen, aber selten werden die

Herkules geboren, welche den von Feigheit, Dummheit und Bosheit mit Wohlgefallen genährten Hyderkopf abmähen können. Darum soll man sich hüten den Teufel zu viel auf die Wand zu mahlen. Man bedroht bei uns den Adel und die Fürsten mit zusammengeschwornen Bünden von Radikalen, man bedroht das Volk mit einer festverschlungenen Adelskette. Wer, dem Herz und Blick offen und grad in die Welt hinein gestellt sind, glaubt gern an solche Dinge? Die Guten müssen aber beten, daß alle Bünde zerreißen und alle Ketten zerspringen, welche im Dunkeln gebunden und geschmiedet werden; sie müssen hoffen, daß, der den innigsten, geheimsten Bund der Dinge webt und zusammenwickelt, der die schwerste, unendliche Kette des Alls mit den allmächtigen Händen hält und trägt, alles Trüglichgesponnene und Heimlichgeschmiedete enthüllen und zerreißen wird.

Dieser erhabenste Binder und Schmidt binde und schmiede uns Friede, Freude und Freiheit fest zusammen. Mit diesem schönen dreigestrichenen F. schließe ich fröhlich diese Zeilen.

Bonn, den 2. Juli 1820.

E. M. Arndt.

Ein Wort über die Pflegung und Erhaltung der Forsten und der Bauern im Sinne einer höheren d. h. menschlichen Gesetzgebung.

Rousseau, der einst so gepriesene und auch so verrufene Genfer; fängt seine Bücher über die Erziehung des Menschen mit dem Tadel an, daß der Mensch der eigentliche Affe der Natur sey, der nichts in dem Zustande lasse, worin sie es erschaffen habe, sondern alles verkünstele, verhunze und entmenschliche, und so endlich alles häßlich oder unglücklich mache. Rousseau hat nun freilich, ohne daß er eben darum wußte, aus der Kunst heraus gegen die Kunst gestritten, beides gegen die äffische und die menschliche Kunst. Denn der Mensch ist von Natur das Wesen der Kunst; sein erhabener Kunsttrieb, das, wodurch er die Natur verschönen oder verhäßlichen, verbessern oder verderben kann, ist ihm als Ersatz gegeben für das, was wir an den Thieren Instinkt nennen. Wenn wir das Kunstwesen, den Menschen, betrachten und die Natur, die doch auch seine Mutter und Herrin ist, ihm gleichfalls als etwas ausser ihm oder gar als etwas unter ihm Stehendes entgegensetzen, so erscheint er uns fast wie ihr Herr und Meister, wie derjenige, der bestimmt ist, sie zu bilden, zu gestalten, zu verschönen und zu erhalten, damit der höchste Zweck des irdischen Lebens erfüllt werde, welcher ist Schönheit zur Tugend, damit die äußere Welt werde, so sehr das hier unten möglich ist, ein Bild, ja ein Spiegel der inneren Welt, damit die untere Welt, diese zwischen Tag und Nacht und Licht und Finsternіß wandelnde und schwebende Welt werde ein Gleichniß der oberen Welt, wohin eine sehnende Ahndung oder eine dunkele Rückerinnerung alles Licht und alle Seligkeit und Heiligkeit setzt. Wollen wir uns diese Worte deutlicher machen, so heißen sie: Der Mensch soll die Erde, seine Natur, so verwalten und regieren, daß das Schöne und Gute in ihr bleiben und wachsen könne. Dies ist deutlich genug gesagt, aber immer schwimmen die Worte noch in einer Allgemeinheit weg, die so vieldeutig oder vielmehr so alldeutig ist, daß keiner steht, worauf sie bezogen werden sollen oder wie sie auf unsre Überschrift bezogen werden können. Wir müssen daher suchen, sie dem Gegenstande, den wir behandeln wollen, durch weitere Zerlegung des Sinnes, den wir hier meinen, näher zu bringen.

Wie diese Erde dem zu ihr aus dem Geisterreiche Verstoßenen ursprünglich von Gott übergeben sey, in welchem Zustande von Schönheit oder Häßlichkeit, von Gesundheit und Ungesundheit, von Fähigkeit oder Unfähigkeit, ein starkes und schönes Menschengeschlecht zu entwickeln und zu erhalten, mit Einem Worte, mit welcher Fähigkeit, das geistige und vernünftige Wesen, das wir Mensch nennen, zu tragen, das wissen wir nicht. So weit ist die älteste irdische Geschichte unsers Geschlechts verloren und klingt kaum in einzelnen spärlichen Gabeln und Sagen; und wir können kühnlich sagen, daß wir von unserer ältesten himmlischen Geschichte weit mehr wissen als von jener, weil diese in einem jeglichen selbst aufbewahrt ist und oft noch so wunderhelle Geschichte und Träume hat.

Aber späterhin kennen wir die Erde und auf dieser Erde die einzelnen Welttheile und Länder, so wie uns die Geschichten der einzelnen Völker aufgehen und verschwinden; und da begegnen uns allerlei auffallende und zum Theil seltsame Erscheinungen, aus welchen sich wieder allerlei auffallende und seltsame, aber auch allerlei verständige und gescheidte Folgerungen ziehen lassen; und auf diese so wichtigen Dinge müssen wir bei unserer Betrachtung wenigstens einige flüchtige Blicke werfen. Ich habe mich darüber in einer früheren Arbeit * ungefähr ausgesprochen. Ich sage absichtlich ungefähr. Ich wünschte, ich könnte hier deutlicher hinstellen, was dort zum Theil in neblichter Dämmerung hangen geblieben ist und was bei Gegenständen, die immer in die verborgene und den Sterblichen verhüllte Werkstatt der Natur hineinlaufen, leider so häufig in Dämmerung hangen bleiben muß. Keine dort hingelegten Ansichten sind im Ganzen heute noch dieselben; einige historische Irrhtümer würde ich verbessern, die Darstellung würde ich lichter und leichter zu machen suchen, wenn ich das Buch einmal wieder umarbeitete.

Uns däuchte die Aufgabe des Menschen, die er hienieden zu lösen hat, daß Schönheit zur Tugend werden solle. Da nun Schönheit und Tugend in Vereinigung hier auf Erden nur in dem Menschen hervorgebracht werden können, so haben wir in jenem Buche gesprochen von einer menschlichen

---

* Einleitung zu historischen Karakterschilderungen, Berlin 1810.

und unmenschlichen Erde und von dem Menschlichmachen oder Unmenschlichmachen der Erde; wir haben gesagt, die Erde könne vermenschlicht, sie könne humanisirt werden (denn vielen ist leider das fremde Wort läufiger als das heimische) und müsse humanisirt werden. Was haben wir wohl mit diesen Worten gemeint, wenn wir nicht bloß damit gespielt haben, wie so oft etwas unfromm in witzig seyn sollenden Gegensätzen mit Worten gespielt wird?

Wir meinten, die Erde werde menschlich gemacht, in wie fern sie geschickt gemacht werde, die stärksten, gesündesten und schönsten Menschen an Leib und Seele hervorzubringen und zu nähren; sie werde unmenschlich gemacht in dem Grade, wie sie ungeschickt werde diesen Zweck zu erfüllen, wie das Menschengeschlecht, das sie hervorbringt und nährt, schwächer, verkrüppelter und häßlicher werde an Leib und Seele.

Wir glauben, daß der Urmensch sehr herrlich war und von dem göttlichen Ebenbilde leuchtendere Spuren trug, als die meisten jetztlebenden Menschen; wir glauben auch, daß Gott ihn in ein schönes und glückliches Land einsetzte, das fähig war ihn in seiner Herrlichkeit und Gottähnlichkeit zu erhalten. Wenn wir aber in späteren Zeiten, welche man geschichtliche Zeiten nennt, und welche hinten den Fabeln und Sagen der frühesten Vorzeit liegen, die Länder und Völker und Welttheile in ihrer

Einzelheit und Geschiedenheit erblicken, so erblickten wir auch die ungeheuersten Unterschiede. Einige Völker schön, stark, tapfer, geistreich, andere häßlich, schwächlich, dumm, feig, einige allem Großen und Tugendlichem zustrebend, andere fast den Thieren ähnlich und immer tiefer zur Thierheit herabsinkend. So die Länder: einige durch zu viele Kälte, andere durch zu viele Hitze wenig fähig für Menschen. Unter denen, deren Himmelstrich nicht feindselig ist, findet sich doch auch der größte Unterschied der Schönheit, Fruchtbarkeit und Gesundheit, kurz der größeren oder geringeren Fähigkeit für Menschen. Von diesen so verschiedenen Ländern sind einige von der Natur verwahrlost, andere durch die Menschen verdorben. Außer den zu kalten und zu heißen Ländern, wo die Herrschaft der Elemente fast immer mächtiger ist, als die Herrschaft des Geistes, giebt es nämlich einige mit angeborner Unfruchtbarkeit; viele auch sind durch menschliche Unwissenheit und Ruchlosigkeit unfruchtbar und häßlich geworden aus schönem und fruchtbaren, die sie weiland waren. Noch sind andere, die weder von der Natur verwahrlost noch von den Menschen verdorben oder verschönert und verbessert sind, Länder, die ich gleichsam zu junge und rohe Länder nennen mögte. Einige Worte, über diese Verschiedenheiten gesagt, werden zum Theil einleiten und erklären, was wir nachher betrachten wollen.

Von der Natur verwahrloste Länder sind solche, die eine unheilbare Unfruchtbarkeit oder Ungesundheit haben. Schnee- und Eisländer, die große Wüste zwischen dem Atlas und Mittelafrika, viele Wüsten Arabiens und Mesopotamiens, kahle Berge, und verpestende Sümpfe gehören dahin. Wo die Natur nichts hervorbringt oder wo der Mensch nicht mit Freude und Gesundheit wohnen kann, da ist es heillos.

Von den Menschen verwahrloste und verdorbene Länder lassen sich leider zu viele zeigen. Man hat so oft gehört und gelesen: *Wo der Mensch schlecht und erbärmlich wird, da wird auch die Natur schlecht und erbärmlich,* und man hat allerdings in der Regel etwas Wahres gehört, wenn man sich nur bemüht, deutlich zu denken und zu begreifen, wie das Verhältnis des Menschen und der Natur denn eigentlich zu einander ist und wie denn solches wohl wird und geschieht. Man kann den Spruch auch umkehren und sagen: *Wo die Natur schlecht ist oder schlecht wird, da ist oder wird der Mensch auch schlecht;* und die Natur wird wohl häufig voran stehen müssen. Auch das hat man gesagt: *Die Erde baut sich endlich aus, es giebt Jahrhunderte, wo dieses oder jenes Land fruchtbar gewesen ist und fruchtbar seyn konnte in einem außerordendtlichen Grade: wann diese Zeit ihrer Fruchtbarkeit oder höchsten Fruchtbarkeit vergangen ist, nimmt sie reißend ab und können endlich dürre Sandflächen oder kahle Berge werden, wo keine Bäche rieseln noch Quellen sprudeln, sondern wo das einzige Naß, was die Erde giebt, Naphta- oder Salzquellen sind, ja wo endlich sogar die Wolken des Himmels darüber hinzie-*

hen, ohne je ihren befruchtenden Regen herabzuschütten. Über diese Sprüche der Erfahrung oder der Meinung dürfen wir nicht so leicht hinhüpfen, sondern müssen uns etwas breiter darüber erklären, wie es uns dabei dünket; denn viele dieser Dinge sind so fein, daß man bei ihrer Betrachtung und Beurtheilung innerhalb des Dünkens stehen bleiben muß.

Der Mensch und die Natur machen einander gegenseitig. Dies ist so unleugbar, daß ihm keiner widersprechen wird. Aber auch das ist unleugbar, daß die Natur mehr den Menschen macht, als der Mensch die Natur. Dies behaupten wir trotz alles unendlichen Übergewichtes, das wir in der geistigen Kunst und sittlichen Kraft des Menschen anerkennen, denn auch die Natur mögten wir nicht gern als ein kraftloses und fast todtes Ding, worauf der Mensch nur pflügen und hauen und hämmern sollte, geglaubt und angesehen wissen. Wenn wir uns die rechte Ansicht klar machen wollen, müssen wir uns die Dinge und Verhältnisse gleichsam mehr in ihrer Ursprünglichkeit oder ihren Anfängen denken. In einem unfruchtbaren, häßlichen, traurigen und reizlosen Lande, das entweder immer so war oder von Menschen so gemacht wurde, wird auch ein schönes, edles und geistiges Menschengeschlecht nach und nach von seinen Vorzügen verlieren, weil jeder äußere Mangel seine Schatten auch auf das Innere werfen muß. Aber auch wo ein vorher frisches, tapferes und freies Volk weichlich, feig und sklavisch wird, muß das Land, das von demselben bewohnt wird, (oder die Natur) diese Entartung und dieses Unglück fühlen. Wie ganz anders sieht Ägypten, Tunis, Asien, Griechenland und Unteritalien jetzt aus als zu den Zeiten Psammetichs, Hannibals, Solons und Pythagoras! Wahrlich mit der Tugend und Weidlichkeit der Männer scheint auch die Fruchtbarkeit und Schönheit der Natur untergegangen zu seyn. Wenigstens wird jeder, der jetzt um die großen Erinnerungen von Karthago, Miletus, Agrigentum (Girgenti) und Kroton wandelt, ausrufen: wie verwandelt von weiland! Und wie der Mensch von einer schlechteren oder schlimmeren Natur verändert und verschlechtert wird, das sehen wir wohl, wenn wir den Germanen auf Grönland (den aus Norwegen) mit dem um Christiania, wenn wir den Portugiesen von Coimbra und Oporto mit dem im Goa oder Mozambique, und wenn wir den Britten aus Hull oder Bristol mit dem in Jamaika oder den Carolinas vergleichen. So daß wir durch zu viele Erscheinungen gezwungen werden zwischen dem Menschen und der ihn haltenden und umgebenden Natur ein gewisses ähnlichmachendes und wechselseitig einfließendes und bildendes Verhältniß gelten zu lassen, ohne daß wir freilich das Einzeilne und die Übergänge und überhaupt das Wie und Warum immer zeigen können. Denn es ist so vieles, was doch alle Tage erscheint und gesehen wird, verborgen, wenigstens so weit verborgen, daß es sich der Bezeichnung durch Worte weigert. Wenn ich sage, der Italiener hat mit seinen Zitronen und Orangen, der Teutsche mit seinen Eichen und Buchen, der Schwede und Normann mit seinen Fichtenwäldern und Metallen, ja mit seinen Wölfen und Bären, der Indier mit seinen Palmbäumen und Tigern und Löwen, der Reiter endlich mit seinem

Pferde und der Ruderknecht mit seinem Ruderboote und der Mönch mit seiner Kutte einige Ähnlichkeit, so scheine ich Vielen freilich etwas sehr Lächerliches zu sagen, aber ich sage darum doch nichts Unwahres. Die meisten Menschen, also auch die Völker, werden auf die mannigfaltigste Weise von dem Äußerlichen und Leiblichen berührt und gestaltet; die Geistigsten werden von dem Willenlosen und Äußerlichen am wenigsten beherrscht werden, aber sie werden doch durch viele Zeichen verrathen müssen, daß sie abhängige und beschränkte Sterbliche sind.

Ich bin durch das, was ich äußerlich erfahren habe, und durch das, was ich täglich und stündlich äußerlich sehe, innig überzeugt, daß das Ausarten der Länder und Völker beiden gewöhnlich unwillkührlich und unwissend widerfahren ist; *Sie sind mit einander schlechter geworden, weil der Mensch mit seiner Natur übel haushielt und sein Land nicht so verwaltete, daß es schön und fruchtbar bleiben konnte.* So geschah es ihm, daß er von Jahrhundert zu Jahrhundert schwächlicher, geistloser und elendiger ward und endlich aus allem höheren Zusammenhange und Gegenreize mit seiner Natur kam, die ihn zuletzt ganz verließ, da er sie mehr und mehr schändete und verwüstete. Auf diese merkwürdige Gegenseitigkeit werde ich weiter unten zurückkommen müssen. Mir däucht, es wäre dem Menschen möglich, aus Erfahrungen vergangener Jahrtausende und aus Winken und Zeichen, die ihm alle Tage gegeben werden, endlich ungefähr inne zu werden, wie er mit seiner Erde umgehen und wie er sie verwalten (ich mögte sagen bewirthschaften) müsse, damit sie ihm eine freundliche, schöne und fruchtbare Mutter bleibe und damit er auch durch sie immer in dem hohen Triebe geweckt und gereizt werde, nur als der stolze und erhabene Freund der Gestirne, nicht aber als der Urenkel Kains mit dem Sinn der Unhuld und Verwüstung auf ihr herumzuwandeln. Den Satz, daß viele Länder sich endlich ausbauen und daß trotz aller verständigen Gegenarbeit der Menschen die Fruchtbarkeit mit den Jahrhunderten mehr und mehr hinschwinde, mögte ich im Allgemeinen nicht gelten lassen. Im Einzelnen mag es oft wahr seyn, selbst durch innere Umwälzungen der Erde, die auch auf das Äussere einfließen, dann auch durch Erdbeben, Vulkane und Überschwemmungen, die so viele Veränderungen und Verwüstungen mit sich führen; aber gewöhnlich ist der Mensch, der Zerstörer oder der Versäumer, schuld, wenn ein früher durch seine Fruchtbarkeit gepriesenes Land später als ein unfruchtbares und schlechtes Land gescholten wird. Der Mensch kann durch seine Unwissenheit oder Ruchlosigkeit den Stürmen oder Sonnenstrahlen zu viele Gewalt geben, er kann die Regen vom Himmel sogar und alle fruchbtbare Dünste ableiten von seinem Land, ohne daß er seiner Thorheit inne wird. Und ist solches einmal geschehen, dann mag er Himmel und Erde vergebens anrufen, kein Gott giebt ihm den verlornen Segen wieder. Wie die Völker dies oft gethan haben und noch thun, darauf werde ich weiter unten hinweisen.

Ich habe oben gesagt, es gebe Länder, die man wohl zu junge und zu rohe Länder nennen könne. Ich meinte diese Jugend und Rohheit aber in Beziehung auf den Menschen: sie kommen mir fast zu jung und zu roh vor, als daß sie recht starke und stattliche Menschen hervorbringen und erhalten können. Ich will sagen, wie ich es meine, oder vielmehr wie es mir däucht.

Jedes Thier und jede Pflanze hat seine Nahrung und seine Luft, sein Licht und seine Wärme, worin es am besten gedeiht. Wir können von vorn herein schließen, daß dies auch mit dem Menschen so seyn müsse, wenn wir grade nicht bestimmt angeben können, wie denn die Mischung der Säfte und Elemente und wie Luft und Licht eben seyn müssen, damit der Mensch der stärkste, schönste und gesundeste werde. Das bestimmte Maas und Verhältniß wissen wir nun freilich nicht, aber die Stufen können wir gewahren und die Veschiedenheiten, die zu auffallend sind, müssen wir gewahren, wenn wir sie auch nicht sehen wollen. Daß es solche Unterschiede giebt, sprechen wir alle Tage aus, wenn wir sagen: die Eiche verlang schweren, die Fichte leichten Boden, die Sau gedeiht in Morästen, das Reh auf Bergen, das Kamel will ein warmes, der Bär ein kaltes Klima. Aber nicht blos für die Arten und Geschlechter im engeren Sinn giebt es besondere Forderungen, sondern auch für die großen allgemeinen Geschlechter. So giebt es Länder, die nur erst den Pflanzen und Gewürmen günstig, die größeren Thieren aber und dem Herrn der Schöpfung, dem Menschen, noch wenig brauchbar scheinen; diese habe ich gemeint, als ich von zu jungen und zu rohen Ländern sprach. In den Ländern, wo das Feuchte und Weiche das Übergewicht hat, gedeihet das

Weiche, Saftige, Üppige und Schlaffe am besten: ungeheure Pflanzen, Bäume, vom Überfluß der Säfte schwellend, gewaltiges Gewürm, Ungeziefer und Lindwurme einer Scheußlichkeit und Größe, die nicht mehr gesehen werden, so wie das Weiche mehr dem Festen und das Üppige und Überfließende dem Gemäßigten und Gestalteten weichen muß. Was vollendetere Gestalten hat, scheint bei dieser Beschaffenheit und Mischung der Säfte, womit die umfließende Luft natürlich in Übereinstimmung ist, weniger zu gedeihen, z. B. die meisten Thiere stärkerer Knochen, wenn sie nicht Schlammthiere sind. Auch des Menschen Leib scheint bei einem solchen Zustande der Natur sich weder zu der gehörigen Ausdauer noch sein Geist zu der gehörigen Lebendigkeit entwickeln zu können; auch auf ihn scheint das Üppige und Schlaffe nicht wohlthätig einzufließen. Es scheint, das Feste und Gebildete in der Natur muß dem Weichen und Gestaltlosen, das Trokkene und Leichte dem Nassen und Trüben überlegen seyn, damit ein fester, freudiger, gesunder und geistreicher Mensch werden könne. Es kann aber auch wohl geschehen, daß ein Land zu trocken und fest und in seiner Gestalt zu arm an Wechseln und zu einförmig starr ward; dann muß der Mensch in seiner äußeren Gestalt und in seinen inneren Trieben auf eine andere Weise verkümmern. Es sind Schatten, womit wir spielen, aber die auf Lichter hindeuten, die wir wenigstens mit Worten nicht zeigen können. Beispiele erklären einige Dinge am besten.

Das Land, wo jetzt Newyork, Washington und Bosten liegen, war vor tausend Jahren gewiß gößtentheils mit Seen, Morästen, Wäldern, Pflanzen und Mosen bedeckt, die von mancherlei Gewürmen, ungeheuren Schlangen und einer Unendlichkeit von Fischen und Vögeln wimmelte. Zu jener Zeit waren die größeren Landthiere jener Gegenden gewiß weichlicher und schwächlicher, als sie jetzt sind, und auch der Mensch, der einzeln durch die noch ungebändigte und ungeordnete Natur hinschweifte, hatte noch keinen Kern. Vor zweihundert Jahren hatten die größeren Thiere und der Mensch die Erde schon mehr bezwungen und den Pflanzen und Würmern das Gebiet eingeschränkt; da waren gewiß schon viele derselben vergangen oder kleiner und schwächer geworden, als in früheren Jahrhunderten. Jetzt wieder wie ganz anders sieht das Land aus, als zu den Zeiten der Königin Elisabeth und des Königs Jakob! Wie würden europäische Pflanzer erstaunen, wie wenig würden sie das Land kennen, die vor zweihundert Jahren dort lebten, wenn sie wiederkehren könnten! Schon geht der Pflug, wo damals die Fische scherzten oder ungeheure Schlangen ihre Riesenleiber fortwälzten, und dichte und wüste Wälder sind verschwunden und ihre Stelle nehmen anmuthige Dörfer oder blühende Städte ein. Noch hat es hie und da ungeheure Lindwürmer in den abgelegeneren Sümpfen und Wäldern, aber die Zeit wird kommen, wo der Urenkel über die Geschichten davon wie über Mährchen lachen wird. So macht der waltende und bildende Mensch sich von Jahrhundert zu Jahrhundert die Natur mehr fertig, er bereitete sie für sich, er vermenschlicht sie. Auf diese Weise haben viele Urvölker arbeiten müssen oder solche, die in rohe Länder als Pflanzer gekommen sind. Auch die Pelasger und Hellenen hatten ihre Bestien- und Schlangenbändiger und Würger, selbst aus unserer germanischen Vorzeit werden ungeheure Wölfe und Schlangen erzählt, dergleichen wir nun nicht mehr sehen. So ist die ewige Ordnung der Natur, daß das Unedlere und Unvollkommenere weichen oder untergehen muß, wann das Edlere und Vollkommenere sich bilden und entwickeln soll.

Das Gewürm sucht Dunkelheit und Schlamm und Koth, worüber die Sommerhitze, von keinen Lüften bewegt, brüten kann. Darin gedeihen üppige oder wohl gar giftige Pflanzen am besten, und die unedelsten der Thiere. Die edleren Thiere wollen schon mehr auf dem Festen treten und verlangen mehr Luft und Licht. Der Mensch aber, der vom Himmel stammt, kann des bewegten Äthers und Lichtes nicht entbehren. Darum zapft er die Sümpfe ab, damit die faulen Dünste schwinden, und haut die Wälder nieder, damit die Lüfte frei athmen und als Winde spielen, ja als Stürme sausen können; darum öffnet er sich Hügel und Höhen, damit er das Licht schauen und schlürfen könne. Bei dieser Arbeit, die beides für das Äußere und für das Innere, für die Noth des Leibes und für die Weide des Geistes ist, schafft er sich im Ablauf der Jahrhunderte endlich beides, Schönheit und Kraft: er bringt die Natur und sich in das Gleichgewicht und die Übereinstimmung, worin die Natur als die schönste erscheint und worin er der stärkste wird.

Was ich hier im Allgemeinen hingestellt habe, gilt für jedes Land und Volk nach Art und Himmelstrich wieder im Besonderen. Nicht durch eine tiefe

Überlegung, sondern durch ein natürliches Gefühl des Schönen oder Häßlichen, des Nützlichen oder Schädlichen findet der Mensch in den einfacheren Zuständen der bürgerlichen Gesellschaft und in den Anfängen der Bildung und Verfeinerung das, was grade ihm und grade dem Lande, worin er wohnt, nothwendig und ersprießlich ist. Die Natur lehrt dem, der ihr näher steht und einfältiger mit ihr umgeht, was späterhin keine Kunst lehren kann, sondern nur die Weisheit, die wieder kindlich zur Natur zurückkehrt. Will der Mensch in Zuständen, die das Bild der alten Einfalt verloren haben oder verkünstelt oder gar verdorben sind, das rechte Verhältniß begreifen, worin sein Urahn einst mit der Erde gestanden ist und worin er sich wieder setzen soll, so muß er wieder einfältig und unschuldig werden wie ein Kind und das Leben und die Ordnung, welche die Menschen damals mit der Natur führten, und die Pflichten und Gesetze, die sie sich gegen dieselbe auflegten, so verstehen lernen, oder er wird es nur höchstens zur Erklärung einzelner Erscheinungen oder zur Kunde einzelner Versuche und Proben bringen. Der Mensch hat gewiß einst in einem viel liebenderen und klareren Verständnisse mit der Natur gestanden, die damals ganz seine Natur war, er hat ihr gewiß vieles ablauschen und abfragen, ja abfühlen können, wovon einzelne Wahrzeichen und Sagen noch übrig sind, welche die sogenannten Klugen für Albernheiten und Aberglauben erklären und wovon die, welche daran glauben, meistens sowohl Deutung als Bedeutung verloren haben. Der Indier und Egypter hat einst gewußt, wo er die Wälder niederhauen und wo er sie schonen und pflegen, wo er die Wasser eindämmen und wo er sie abzapfen, gegen welche Sonnenseite er für sich das Haus und gegen welche für sein Vieh die Hürde bauen sollte. So der Grieche, der Hispanier, der Germane, jeder in seinem Lande und in seinem Volke. Auch der Einzelne für sein einzelnes Daseyn und Bedürfniß hat sich so besser mit der Natur verstanden und begriffen, ja unterredet, und, wo sich ein Einfältiger findet, versteht und unterredet er sich noch alle Tage so. Hellsehende hat es vormals wohl viele gegeben, die tief in die Tiefe sahen und scharf zu der Höhe blickten; aber gewiß giebt es ihrer jetzt auch noch manche, worüber nie das Mesmersche Metallstäbchen geschwungen worden. Als der Mensch noch die Natur mit Liebe und Treue umfaßte, wußte er sich selbst manchen Rath und manche Hülfe zu schaffen, die er jetzt bei Philosophen und Ärzten vergebens sucht. Und wie der Einzelne für das Natürliche einst hellsehender war, so waren es auch die Völker. Wir können es aus Plato und Aristoteles und Hippokrates und mehreren weisen Männern des Alterthums sehen und aus manchen physischen und metaphysichern Lehren der verschiedenen Philosophenschulen, daß die Männer in jener alten Zeit viel mehr wußten, als man ihnen in den letzten Jahrhunderten zugetraut hat; ja auch in den chemischen und allchimistischen und astrologischen Wunderbüchern und in den vielen Büchlein von Sympathien, Arzneimitteln, Elementen u. s. w., die, zum Theil aus dem Mittelalter herstammend, im fünfzehnten, sechszehnten und siebenzehnten Jahrhunderte gedruckt wurden und unter die Menschen kamen, erscheint oft eine so unmittelbare Wahrheit, eine so zarte Beziehung und Übereinstimmung des Geistigen und Leiblichen, des Menschlichen und Natürlichen, daß die ganze seichte Überklugkeit des achtzehnten Jahrhunderts dazu gehörte, dies Alles mit den Worten Aberglaube und Betrug zu anderm nichtigen Plunder hinzuwerfen. Von den Bestandtheilen und Mischungen der Dinge und von den einfachen Kräften und Wirkungen haben die alten Zeiten und auch die Zeiten unserer Väter etwas mehr gewußt , als die sich weise dünkenden letzten.

Das Wissen und das Begreifen theilt der Mensch mit Vielen, er muß es von andern lernen, er muß andere darnach fragen, er muß es von anderen berichtigen lassen; das Anschauen und das Glauben theilt er mit keinem, das hat er allein, es ist sein Eigenstes, Innigstes, Gewissestes. Alles kann man ihm nehmen, dieses nicht; die Welt und alles in ihr kann vergehen, dieses nicht; es ist ja der Geist selbst, das Ich, der Mensch. Wie der Gläubige und Fromme nichts fester und gewisser hat als die jenseitigen Güter und das ewige Leben, so kann der Mensch überhaupt nichts fester haben, als was er von selbst findet, wann er auf keiner Jagd der Eitelkeit begriffen ist, was ihm von selbst kommt, ohne daß er weiß, woher noch wozu. Es giebt einen heiligen und sicheren Pfad für die Geister, wodurch sie ohne eine sichtbare Jakobsleiter täglich in den Himmel steigen können; es giebt eine unbegreifliche nicht bloß geistige Nacherinnerung eines früheren Zustandes, sondern einen geistigen Anhauch, eine geistige Mittheilung, die uns oft auf das wunderbarste kommt. Wäre dies nicht, wo blieben Offenbarung und Geschichte? und was frommten sie uns? Wenn wir so immer mit dem Himmel und den Gestirnen in Wechselwirkung stehen, wenn ihre Lichter, die doch so hoch und fern von uns sind, uns oft als so freundliche Boten kommen, wäre es dem so unnatürlich zu glauben, daß uns nicht ganz versagt sey, die Erde und ihre freilich unedleren und dunkleren Geister und Kräfte zu verstehen oder auch nur zu belauschen? sollte unser irdischer Theil, dessen oft zu liebendes und zu warmes Anklammen an diese Erde wir ja häufig so schmerzlich fühlen und büßen, ganz kalt, gefühllos, ja todt seyn? todter als Holz oder Stein, die doch auch ein Leben haben? Nein so ist es gewiß nicht. Die Natur hat gewiß einst vernehmlicher gesprochen zu den Menschen und sich ihnen unverhüllter gezeigt, als sie dies in klaubenden und klügelnden Zeitaltern darf. Wie der Mensch die Warnungen und Eingebungen der innersten Brust als unmittelbare Gebote von oben gleich ewigen und unverrücklichen Gesetzen ausspricht, so hat er gewiß manche Enthüllungen und Zuflüsterungen von den verborgenen Kräften und Geheimnissen der Natur einst als unumstößliche Lehren angenommen. Von Sonne, Mond, Luft, Licht, Sternen, Wassern, Winden, Tageszeiten, Jahreszeiten, ja von Pflanzen und Metallen haben die Menschen früherer Geschlechter gewiß Manches gewußt, was als Narrheit oder Alteweibermährchen so lange verspottet worden ist, bis es untergegangen. Woran keiner mehr glaubt, das kann auch überhaupt nicht mehr seyn. Wie ich oben sagte, wenn wir die Alten lesen und auch Vieles, was unserm sogenannten Mittelalter zugeschrieben wird, lesen oder hie und da noch von einzelnen Lippen ausgesprochen hören, so gehen uns oft wundersame Lichter auf, und von einzelnen Aussprüchen des Schlichten und einfältigen Glaubens däucht es uns dann oft so licht, daß der tiefste und höchste Zusammenhang der Dinge daraus hervorzublitzen scheint. Denn eben das ist das Größte der größten Wahrheiten, daß die sie aussprechen nicht darum wissen. Mit der höchsten Wahrheit ist es wie mit Gott, Leben, Unsterblichkeit und allen uranfänglichen Dingen, daß man sie unmittelbar ergreift, aber nie begreift.

Auf diesem Punkte, nämlich daß er sein Verhältniß zu der Natur versteht und diesem gemäß sich und die Natur einrichtet und verwaltet, steht der Mensch gewöhnlich die ersten glücklichen Jahrhunderte, nachdem er die noch junge und rohe Erde entwildert und vermenschlicht hat. Wann aber die bürgerliche Gesellschaft entwickelter und verwickelter, wann der Reiz leerer Vergnügungen und unersättlicher Habsucht und die Jagd auf falsche und erkünstelte Bedürfnisse drängender und brennender werden, dann verliert der Mensch die Ruhe und Besonnenheit, wodurch er das Größte und Tiefste erkennen kann, das zarte Fühlen und Verstehen der Natur und ihrer geheimen Kräfte, und dann beginnt die unverständige Willkühr zu verderben, was die bewustlose Einfalt einst so schön gemacht und eingerichtet hat.

Ich komme dem Ziele näher, wohin ich eile. Ich habe oben gesagt, die Natur könne in gewissen Zuständen eines rohen Landes wohl für Pflanzen und Gewürm brauchbar, aber für den Menschen zu weich und zu schlaff seyn, so wie für die edleren Thiere, die sich im freieren Spiele der Muskeln und Nerven bewegen sollen. In solchen Zuständen hat der Mensch, wenn er nicht in einem zugleich unfruchtbaren und wüsten Lande lebt, vielleicht im höheren und breiteren Wuchs eine Ähnlichkeit mit den Pflanzen und Bäumen, die dann aus dem Schlamm und Morast aufschießen, aber die Ausdauer ist wohl nicht da, das leichte und frische Federspiel der Muskeln und Nerven und die Kühnheit und Thätigkeit des Geistes, welche ihm kommen, wann die Säfte und Kräfte der Natur mehr mit einander ins Gleichgewicht gebracht sind, wann das Nasse und Weiche, das Trockene und Feste nicht mehr überwiegt. Tacitus sagt von unsern Altvordern, und Cäsar hatte es 150 Jahre vor ihm schon gesagt, daß sie sich durch eine ungewöhnliche Länger und Schlankheit der Leiber vor den Galliern, noch mehr aber vor den kurzen Latinern und Italienern auszeichneten, „daß sie fürchterlich waren im Ungestüm und Anfall, aber nicht gleich gewaltig in Geduld und Ausdauer der Arbeit noch in Ertragung von Beschwerden." Wir können diesen Männern das auf ihr Wort glauben. Jenes Germanien war freilich kein wildes Land mehr noch waren jene Germanen, welche sie schilderten, Wilde, aber doch waren weder Land noch Menschen aus dem rohen Zustande noch nicht zu dem gebührlichen Maaße von Zahmheit gebracht. Obgleich sie neben Viehzucht und Jagd schon ordentlichen Ackerbau und manche treffliche und feste Sitten und Ordnungen hatten, so waren sie damals doch noch sehr weit von dem Zustande, den man einen entwickelten

Zustand nennen kann. In ihrem Lande überwogen damals noch die Wälder Sümpfe und Wasser: das Schattige Trübe und Feuchte. Erst eilfhundert bis dreizehnhundert Jahre nach unsers Herrn Geburt standen Natur und Mensch zu einander im gehörigen Gleichgewichte, und da beginnt auch die Blüthe des germanischen Lebens und Wirkens. Damit ich andeute, was ich unter Gleichgewicht der Natur und des Menschen oder, wie ich eigentlich hätte sagen sollen, unter einer *vermenschlichten Natur* verstehe, so meine ich die Natur, wo Luft und Licht, Nasses und Trockenes, Weiches und Festes, kurz wo die Elemente und Kräfte der Natur so glücklich gemischt und zu einander gewogen sind, daß kräftige und schöne und an Leib und Seele rüstige und weidliche Menschen in ihr entstehen und sich erhalten können. Hier sage ich aber ungefähr nur wieder, was oben schon mehrmals mit andern Worten gesagt ist; also will ich suchen es durch Anwendung auf das Einzelne und Besondere deutlicher zu machen, wie man in einer Welt der Gestalten und Erscheinungen, wo nur Schatten von Schatten hervorschweben, etwas deutlich machen kann.

Wir denken uns also Teutschland, unser Vaterland, oder das Germanien der Alten, wie es zuerst in einem rohen und wilden Zustande war, ehe die herrschende und bildende oder zerstörende Menschenhand darin Veränderungen hervorgebracht hatte. Da lag es unter einem ziemlich nördlichen Himmel, mit dichten und zum Theil undurchdringlichen Wäldern bedeckt, wodurch der Ur und das Elenn scheu hinbrauseten und worin Bären und Wölfe heulten; das Übrige waren mit Moosen und

Gesträuch bedeckte Haiden und Sümpfe; die Ströme und Seen ohne feste Ufer; kurz alles der eigenen Gewalt oder dem Zufall preisgegeben. Wenn zu dieser Zeit Menschen das Land bewohnten, waren es einzelne armselige und in der Noth und Knechtschaft der Natur scheu wie die Thiere des Waldes herumschweifende Jäger und Fischer. Bei diesem Zustande des Landes, wo noch keine denkende und herrschende Macht da war, waren unter solchem Himmelstrich, wie der unseres Vaterlandes ist, die Winter kalt und streng, die Frühlinge und Herbste naß, kalt und neblicht, und die Sommer, wo die Sonne so viel Naß zu bebrüten und zu verschlingen hatte, schwül und qualmicht, w a h r s c h e i n l i c h wärmer aber auch kürzer, als späterhin. Nun kamen, Gott weiß, wie viele Jahrhunderte vor der Geburt unsers Heilands, die edlen asischen Germanen, ein Volk herrlicher Abkunft und erhabener geistiger Anlagen, und begannen die wilde Natur zu zähmen und allmählig menschlich zu machen. Zu Tacitus Zeit waren sie mit dieser ihrer Arbeit schon weit vorgeschritten, manche Unhuld war schon zerstört, manche Thiere und Ungeheuer waren schon vertilgt oder weiterhin gegen die östlichen Wüsten und Sümpfe der Sarmaten, Letten und Fennen getrieben; aber doch herrschten die Wälder und Haiden und Sümpfe und ihre Geschäfte und Gewerbe, Jagd und Viehzucht, in manchen Gegenden wohl noch vor dem Ackerbau, das Feuchte, Trübe und Kalte der Natur herrschte noch vor dem Trockenen, Hellen und Warmen, bis endlich in jenen oben angedeuteten Jahrhunderten das kam, was wir das Stehen im Gleichgewicht zu einander der Natur und des Menschen nennen.

Die Findung und Ausrechnung des rechten Maßes und Gleichgewichtes, wo die Kräfte, Säfte und Triebe der Natur so stehen, daß in jedem Lande nach seinen Anlagen und Fähigkeiten die Aufgabe der Menschheit auf Erden, daß Schönheit zur Tugend sey, daß der beste und glücklichste Mensch an Leib und Seele hervorgebracht und erhalten werden könne, erreicht werde, wird sich wohl nimmer genau bestimmen lassen. Aber wenn wir auch nicht alles wissen, so können wir doch vieles der Natur und Geschichte ablauschen und abmerken, wodurch uns Winke gegeben werden, die zur Erhaltung der Fruchtbarkeit und Schönheit der Erde und der Stärke und Schönheit unsers Geschlechts die bedeutendsten sind. Mehr Licht als Dunkel, mehr Trockenes als Nasses, mehr Festes als Weiches will der Mensch in der Natur und in ihren auf ihn einfließenden und ihn mitbildenden und mitgestaltenden Kräften und Elementen – das haben wir ungefähr gelernt durch Geschichte und Erfahrung. Sollte ich ein Maaß angeben, so würde ich sagen: *Das Licht, das Trockne und Feste eines Landes muß sich verhalten wenigstens wie zwei Drittel zu einem Drittel ihres Entgegengesetzten, wenn Land und Mensch die besten seyn sollen, die sie ihren ursprünglichen Anlagen und ihrem Himmelstriche nach seyn können.* Denn auch zu leicht, zu trocken und starr können sie werden. Und dies bringt mich von selbst wieder auf das, was weiter oben gesagt ist von dem Ausgebautwerden eines Landes, also daß es endlich von einer unbezwinglichen Unfruchtbarkeit beherrscht werde, und was ich von der Zerstörung und Verderbung der Natur durch menschliche Unwissenheit und Ruchlosigkeit gesagt habe.

Ich muß nun zuvörderst bekennen, daß ich im Allgemeinen der Meinung derjenigen unmöglich beipflichten kann, welche glauben, die Natur baue sich selbst aus, erschöpfe sich durch die wiederholten Zeugungen. Ich glaube vielmehr, daß, wenn die Natur nicht von Anfang an unfruchtbar und des Tragens und Hervorbringens unfähig war, ihre einmal eintretende überwiegende oder gänzliche Unfruchtbarkeit immer von der Ungeschicklichkeit oder Sorglosigkeit des Menschen verschuldet ist. Das will ich übrigens gern gestehen, daß ein bisher wüst gelegenes Land in einem milden Klima mit seiner Fülle fetter Pflanzen- und Damm- oder Schlammerde, wann es unter den Pflug oder Spaten gekommen ist, die ersten Jahrhunderte mehr Körner oder Früchte bringt, als die folgenden. Ich will aber nun in Beispielen zu zeigen suchen, wie der Mensch die Natur verdirbt und die Länder unfruchtbar und sich und seine Enkel endlich zu schwächlichen und jämmerlichen Halbmenschen macht, wenn er das nothwendige Gleichgewicht der Elemente und Kräfte aufhebt. Die Luft kann zu hell und trocken gemacht werden; dann wird sie in einigen Ländern zu scharf und kalt, in andern zu scharf und zu heiß, in jedem Fall aber unfruchtbar, je nach dem Himmelstrich, unter welchem die Länder liegen. Und nun stehen wir an unserer Überschrift, an den

Forsten, wir stehen, wie man sagt, vor dem Walde.

Und ich mögte, daß recht viele in Liebe und Ehrfurcht still ständen vor dem Walde, daß unseren Jetztlebenden solche Ehrfurcht vor den Bäumen eingeflößt werden könnte, mit welcher einst Moses und Abraham vor ihren Bäumen anbeteten, mit welcher noch heute der Stille und fromme Hindu unter den Palmen seines Indus und Ganges sich lagert, und mit welcher unsre Ahnherren, die alten Germanen, ihre heiligen und von keinem Beile verletzlichen Haine uralter Eichen und Buchen betraten. Denn jetzt wird in vielen Ländern Europa's die Axt, die an den Baum gelegt wird, häufig zu einer Axt, die an das ganze Volk gelegt wird. Nächst den Sternen, die oft zu hoch über unsern Häuptern glänzen und uns oft auch zu hehr sind, als daß wir uns mit ihnen besprechen könnten, haben wir Menschen keine freundlichere Boten, die gleichsam zwischen Himmel und Erde hin und her wanken *, als die Bäume. Wer hat je unter ihnen gewandelt mit stillem Muthe, dem sie nicht oft alle Sorgen und Eitelkeiten des Lebens hinweggerauscht, den sie nicht mit Liebe und Sehnsucht des Himmels angeweht, dem sie nicht so manche namenlose Gefühle und wundersame Geheimnisse zugeflüstert, so manche unvergeßliche Gestalten gezeigt haben. So sind die Bäume die geistigen Gesellen des Menschen auf Erden; aber sie sind auch seine recht lieben irdischen

---

* Wird in der sassischen Mundart noch jetzt für reisen gebraucht.

Gesellen, die ihm Nahrung, Stärkung und Segen des Himmels bringen; und auch deswegen soll er sie lieben und ehren. Ich will nicht erinnern, wie nützlich die Bäume dem Menschen auf dem Herde und im Kamin, auf dem Schlachtfelde der Arbeit oder des Krieges sind, nein ich will sie bloß in ihrem Leben auf den Stämmen mit ihren Blättern und Zweigen betrachten. Da schirmen sie den Menschen gegen die zu gewaltigen Wirkungen der Stürme und Sonnenstrahlen, da hauchen sie einen nährenden Dunst aus, sammeln um sich einen fruchtbaren, Menschen und Thieren und Pflanzen wohlthuenden Dunst, und locken befruchtendes Naß und Regen vom Himmel auf die dürstenden Fluren herab.

Doch ich soll ja kein Loblied auf die Bäume singen, sondern einfach und klar sagen, was sie nutzen, oder vielmehr, was sie wirken; und das will ich denn kurz und Punkt vor Punkt thun, so gut ich kann und weiß.

Wir gaben oben an, daß dichte Wälder die Feuchtigkeit ziehen und erhalten, daß sie also gelichtet und ausgehauen werden müssen in einem Lande, wo der weichlichen und trüben Nässe zu viel ist, welche der Stärke und dem Gedeihen der edleren Geschöpfe nachtheilig ist. Bäume ziehen Nässe und Regen an.

Die Bäume, wann sie belaubt sind, dunsten reichlich aus und setzen befruchtende Theile ab, die, wie die Erfahrung lehrt, den Menschen und den benachbarten Feldern gedeihlich sind. Sie ziehen auch aus der Luft viele befruchtende Theile an sich. Nur wo die zu vielen und dichten Wälder den freien Luftzug und Sonnenstrahl hemmen und hindern oder wo sie zu viel Nässe und Dämpfe ziehen, mögen sie, besonders in der heissen Jahrszeit, der Gesundheit anderer Lebendigen schädlich werden. In solchen Ländern, die nicht mehr von unzugänglichen Sümpfen und Morästen und von unaufhörlichen Regen und Nebeln und qualmenden Dämpfen triefen, sondern wo das Nasse und Trockene ins gehörige Gleichgewicht gebracht ist, findet man die frischesten und stärksten Menschen immer in Wäldern und Waldbergen, selbst in solchen Gegenden, wo ihre Nahrung recht dürftig und mager ist: ein Beweis, daß die Waldatmosphäre gesund ist. Ich erinnere an die Bergschotten, an die Jemtländer, Smoländer, Thalleute in Schweden, an unsre Bauern im Harz, Thüringerwalde, Schwarzwalde, an die Kalabresen, Dalmaten, Montenegriner.

Es ist sehr wahrscheinlich und es läßt sich von manchen Ländern und Gegenden beweisen, daß sie schlecht und unfruchtbar geworden sind durch die Axt und das Beil. Manche Länder scheinen für immer unbrauchbar geworden zu seyn für jeden Anbau, seitdem man sie ganz von Wäldern entblößt hat. Wir lesen in so vielen Reisebeschreibungen, die uns die Steppen um die Wolga und den Don schildern, wo hie und da einzelne Sträuche und schlechtes Gras stehen, dann einzelne trübe Salzquellen gefunden werden, und wo es selten regnet, daß einst herrliche Wälder und fruchtbare Auen dort bestanden haben, die von Quellen und Bächen bewässert waren, daß aber die vielen Jahrhunderte nach einander sich hier folgenden und von Osten gen Westen ziehenden verschiedenen Völkerschwärme das Land endlich kahl gemacht haben.

Seit der Zeit ist es dürr und unfruchtbar geworden an den meisten Stellen und arm an Quellen und Regen. Die Alten haben uns Wunder erzählt von der Fruchtbarkeit Siciliens und Sardiniens vor 2200 ja noch vor 1800 Jahren, und daß die Ergiebigkeit Siciliens erstaunlich war, können wir aus der Größe seiner Städte und der Menge seiner Menschen schließen; und welche Heere zogen einst aus Agrigent und Syrakus ins Feld! jetzt aber ist das alles anders. Der Grund ist, man hat die Wälder auf den Berghöhen zerstört, die jetzt fast allenthalben mit ihren traurig einförmigen Glatzen da liegen; jetzt liegt fast das ganze Land kahl da, außer der Gegend um den Ätna. Die Regen des Himmels kommen viel seltener, weil ihre Anzieher, die Bäume, fehlen; viele Bäche und Quellen sind versiegt, die sonst mit segnender Fruchtbarkeit in die Ebenen hinabrieselten; nur um die Flüsse und in den tiefsten Thälern ist noch die Spur jener gepriesenen alten Zeit; viele Felder und Höhen aber, die sonst mit Weitzen und Reben und Fruchtbäumen bedeckt waren, werden jetzt nur von einigen mageren Schaafherden beweidet. Und damit alles in Übereinstimmung sey, auch der Mensch ist schlechter und schwächlicher geworden, wie die Natur. Ähnliches ist mehreren Landschaften Spaniens widerfahren, z. B. den beiden Kastilien und Estremadura und einem großen Theile Arragoniens und Granadas. Gegenden derselben, wo die Höhen weiland mit Wald bewachsen und die Ebenen mit Getraide und Städten und Dörfern besäet waren, sind jetzt fast eitel öde und kahle Weiden für Schaafe. Der Himmel regnet dort selten und wenig mehr, die Erde bringt nichts hervor als einige Gräser, und der Mensch kann kein erfreuliches Daseyn haben, wo der Sonnenstrahl und der Wind den Schutzlosen gleich gewaltsam anfallen. Sind die Berghöhen einmal kahl und von Bäumen entblößt, ja sind die Ebenen einmal trocken und ohne Quellen und Bäche, so ist die Hoffnung vergeblich, sie wieder zu bewalden, denn auch der Regen und die nährenden Wolken mit ihrem fruchtbaren Dunste haben sich meistens weggezogen, und alle Versuche, Bäume anzupflanzen und fortzubringen, sind in der Regel umsonst. Dies gilt von allen sehr warmen und heissen Ländern fast ohne Ausnahme. Die ganze Atmosphäre ändert sich mit den zerstörte Wäldern und das Land wird dürr und häßlich, und stellt wirklich das Bild dar, als wäre es auf ewig ausgebaut und erschöpft. Wer weiß, ob die große Wüste (Zarah) jenseits des Atlas und die Wüsten Arabiens und Mesopotamiens nicht einst die Fülle von Hainen und Quellen und Bächen hatten, was alles verging, als man nach der Zerstörung der Bäume dem Sonnenstrahl eine zu zehrende Gewalt und dem Himmel eine zu große Trockenheit gab? Auch im gemäßigten und kalten Ländern sind die einmal entlaubten Höhen und Berggipfel sehr schwer und oft gar nicht wieder zu bewalden. Die schneidende Kälte und besonders die unbarmherzigen Winde, die in solchen Himmelstrichen heftiger sind, hindern den jungen Aufschlag und verwandeln ihn in elendige Krüppel, wenn sie ihn nicht ganz und gar vertilgen. Dazu kommt noch die Sommerdürre, die zu ihrer Zeit auch ihr Theil thut, daß auf den kahlen Höhen kein freudiger Wuchs wieder aufgrünen kann. Denn die Regenwolken weilen nicht auf den kahlen Wipfeln, sondern gießen gewöhnlich nur einige zersprengte Tropfen auf sie, sie eilen aber den anziehenden Wäldern zu, wo sie noch sind, und lagern über ihnen, oder ziehen auch längs der großen Flüsse und Seen in den Ebenen.

Viele, die dies lesen, werden aus der Erfahrung wissen, daß diesem so sey, tüchtige und auf die Natur aufmerksame Forstleute und Landleute werden es auch bejahen; und wenn man Länder und Völker und ihre Verschiedenheiten und Veränderungen gesehen und wenn man in der Geschichte und Erdkunde nicht bloß Namen und Zahlen gesucht hat, wird man durch viele bedeutende Zeichen daran erinnert. Wie ganz anders sah unser Vaterland aus zur Zeit Karls des Großen, als zur Zeit des Tacitus! und zwar meistens, weil man in siebenhundert Jahren die Wälder mehr gelichtet und meilenweite Sümpfe und Lachen, worin sich damals die Fische und Seevögel ergötzten, in feste Getraidefelder verwandelt hatte! und wieder wie anders ist unser Teutschland jetzt in vielen Gegenden, als das Teutschland Friedrichs des Ersten und Friedrichs des Zweiten von Hohenstaufen vor sechshundert und siebenhundert Jahren war! Und man gebe mir die teuflische Freiheit und Lust, daß ich auf dem Riesengebirge und im Harz und im Thüringerwalde und Schwarzwalde und wie viele der Hochberge und Hochwälder im Vaterlande sind, die mörderische Axt an alle Bäume und Büsche legen, und alles, was zur ganzen Baumfamilie gehört, vertilgen könnte, und ich machte plötzlich ein anderes Klima und bald auch ein anderes schlechteres und schwächeres und ungöttlicheres Volk, als die Teutschen jetzt noch sind. Nämlich weniger Regen und Naß des Himmels, bald manches Land dürrer und unfruchtbarer, viele Quellen und Bergströme würden in wenigen Jahren nicht mehr genannt werden, selbst die herrlichsten Fürsten der Ströme, der Rhein und die Donau, würden mit weniger Wasser brausen; größere Herrschaft der Winde und Stürme und eine schärfere und trockenere Luft: die Winter würden sehr hell und streng, die Herbste und Frühlinge viel kälter und früher auch häufiger als jetzt mit Nachtfrösten heimgesucht seyn, die Sommer würden dürrer und trostloser seyn mit einem mehr verschlossenen Himmel. Kurz Teutschland würde ein ganz anderes Land werden.

Es gab eine Zeit, wo zu viel Wald in Germanien war und durch den Wald zu viel Nässe und trübe und nasse und weichliche Kälte. Damals war unsers Vaterlandes Klima viel unfreundlicher und unleidlicher, als es jetzt ist. Ich glaube seit einigen Jahrhunderten ist die Zeit gekommen, wo in vielen Gegenden Teutschlands des Waldes zu wenig geworden und die Unfreundlichkeit unsers Klima's dadurch vermehrt ist. Von der Sorge, welche unsere Väter vor fünfhundert, ja vor achthundert Jahren für die Wälder hatten, besonders für die Hochwälder der Berge, die sie gegen die alles und auch die Menschen ausdörrenden und verwüstenden Ostwinde und Nordostwinde schützen, finden wir in manchen Kroniken und einzelnen Gesetzen der Ortschaften und Gaue merkwürdiger Belege. Johannes Müller in seiner Schweitzergeschichte, Anton in seiner Geschichte der teutschen Landwirthschaft und andere Verfasser haben Mehreres darüber angeführt, und in den Sagen der Köhler und Waldbauern, die auf den Bergen wohnen, finden sich Zeichen früherer Ordnungen, welche die Spätern vergessen haben. Auch in einzelnen Landschaften Schwedens findet man ähnliche Winke, daß die Väter in vielen Dingen weiser waren, als die Enkel, die sich weise dünken. Bei'm Anton besonders liest man unabweisliche Angaben und Zeugnisse, daß vor dreihundert und zweihundert Jahren manche Stellen Teutschlands leidlichen Wein anbauten, wo jetzt nicht einmal bis zum Essig Trauben zu ziehen wären. Dies beweist er von mehreren Orten Schwabens und dies wird von Andern wieder an anderen Stellen gemeldet, z. B. von den Ufern der Oder. Wir wissen, daß die teutschen Ritter weiland Wein tranken, der auf ihren Hügeln an der Weichsel gewachsen war; die Urkunden der Mark Brandenburg lehren uns, daß es vor vier und drei Jahrhunderten fast kein Städtchen und keinen Flecken in derselben gab, bei welchen nicht die Weinberge genannt wurden. Und seit hundert Jahren, ja seit den jüngsten vierzig und dreißig Jahren, hat man nicht fast die letzten Reben ausrotten müssen, weil sie nicht einmal mehr Essig lieferten. Durch die Verdünnung oder gar durch die Verwüstung von Wäldern, welche die höchsten Bergrücken bedeckten und auch wohl durch die zu große Lichtung der tiefer unten liegenden Wälder ist die Wuth der Stürme ungezähmter und die Luft Teutschlands überhaupt wohl schärfer und kälter geworden, als sie wahrscheinlich im vierzehnten, fünfzehnten und sechzehnten Jahrhundert war. Ja in manchen Landschaften Teutschlands hat man in den letzten zwanzig und dreißig Jahren sehen können, wie der heilloseste und ruchloseste Unfug mit den edlen Bäumen und Wäldern getrieben ist und wie ganze Forsten ausgehauen und ganze Bezirke entblößt sind, weil der einzelne Besitzer mit der Natur auf das willkührlichste schalten und walten kann. Was kümmert es den, der Geld bedarf und in zehen Jahren zu verbrauchen gedenkt, wovon sein Urenkel noch zehren sollte, ob er eine öde und Menschen künftig wenig erfreuliche, ja Menschen oft kaum brauchbare Erde hinterläßt? Er will leben, und sie mögen auch sehen, wie sie es machen. Dies ist der Ausspruch, womit die meisten Jetztlebenden unbequeme Fragen ihres Gewissens abweisen, das noch zuweilen an eine Zukunft erinnern, die seyn soll, wie eine Vergangenheit gewesen ist.

Wir haben die zu viele Verdünnung und Verwüstung der Wälder bisher meistens nur in der Hinsicht betrachtet, wie dadurch die Natur unlieblich und häßlich, die Erde unfruchtbar und schlecht und das Klima entweder zu heiß oder zu rauh wird. Viel ernster wird die Sache, wenn man sie aus einem höheren Gesichtspunkte betrachtet, nämlich in der Hinsicht eines Einflusses, den sie auf die Schwächung und Verschlechterung des Menschenstammes hat. Dies kann man in allen Ländern sehen, wohin man nur den Fuß setzt. Doch einige Beispiele; denn auf das bloße Wort wollen wenige glauben, wenigstens können wir den Glauben darauf nicht verlangen.

Ich sagte oben an mehr als einer Stelle, die Waldatmosphäre scheine mir eine dem Menschen besonders gedeihliche, weil auch bei späterlicher und ärmlicher Kost die in den Wäldern und Waldbergen aufgewachsenen Menschen beides durch Reisigkeit des Leibes und des Muthes und durch Weidlichkeit und Behendigkeit ausgezeichnet sind. Dies bedarf so wenig eines Beweises, daß sich lächerlich machen würde, wer es leugnete. Geh hin und sieh den Gothen in den Wäldern Schwedens und sieh ihn auf den nebenliegenden kahlen Inseln der Ostsee. Es ist dasselbe Volk; aber welch ein Unterschied zwischen dem Menschen von Blekingen und Smoland und dem von Laland und Falster, der ohne den Schirm und Dunst der Wälder mitten im windeüberfahrenen Meere wohnt! Sieh den Bergschotten in seinen rauhen und von einem langen Winter umlagerten Wäldern, den starken, reisigen und stattlichen Mann, und dann segle zu seinem Bruder hinüber nach den westlichen Hebriden oder nach den schottländischen Eilanden, und du wirst auf den kahlen und unwirthlichen und von den Stürmen, Regen und Schlossen schirmlos gegeisselten Flächen, die im Meere gleichsam wegschwimmen, einen schwächeren und kleineren und von der Natur fast unterdrückten Mann finden. So groß schildern alle Beschreiber dieser Gegenden den Unterschied der Menschen desselben Stammes. Und wahrlich wir bedürfen nicht nach Schweden und Dänemark und Schottland zu gehen; wir haben die Beispiele vor der Thüre. Ich habe das Riesengebirge, den Thüringerwald, die stairischen Berge und andere Berge des Vaterlandes bei mehreren Gelegenheiten zu Fuß durchwandert; und wie die Orte und die Lage und der Zustand der Orte verschieden waren, so war auch das Menschengeschlecht verschieden. In den Wäldern und Waldbergen ein frischeres und stärkeres, auf und an den abgehorsteten und kahlen Höhen ein trüberes und schwächeres Geschlecht, und wieder die gegen Süden und Südwesten Wohnenden munterer, als die gegen Osten und Norden. So daß man wohl sagen mag: Wer den Ländern die Wälder auszieht und besonders wer die Berge und Höhen entwaldet, der beraubt den Menschen an seinem köstlichsten Theile.

Ein kleiner fünfjähriger Bube, der in der Ferne ein schönes Dorf in Flammen aufgehen und die wirbelnden Rauchsäulen zum Himmel aufsteigen sah, sprach in seiner Unschuld: „Der Rauch muß dem lieben Gott auch sehr widerlich seyn, er sieht gewiß nicht mehr auf die Erde hinab.“ Solche Gedanken, die einige kindisch andere kindlich nennen werden, könnten uns wohl einfallen, wenn wir kahle Berge und Höhen und weiter unten weit ausgebreitete Ebenen mit Fruchtfeldern sehen, die des stolzen Grüns und Schmuckes der Bäume mangeln und bloß gemacht zu seyn scheinen, damit der arme Urenkel Adams recht unter Disteln und Dornen einherkriechend im Schweiße seines Angesichts sein Brot esse, mit seinem Stier den Blick nur auf die Furchen gerichtet und durch keinen fröhlicheren und freieren Reiz der Natur mit den Augen und dem Herzen nach oben gezogen. Wie der Himmel seinen befeuchtenden und befruchtenden Segen von den nackten Berggipfeln wendet, haben wir oben gehört. O er wendet auch seine geistigen Augen von solchem Lande, und läßt den Menschen in der traurigen Einförmigkeit und Einerleiheit der Natur, die er verdorben und verhäßlicht hat, erstarren und verstocken, weil die spielenden und sehnsüchtigen

Geister des Himmels nimmermehr so freundlich und lustig zu ihm herabkommen, als einst, da seine Welt noch freundlicher und lustiger war. Ist der Mensch bei dem Verlust der Wälder und Bäume noch so unglücklich, daß er auch des Wassers entbehren muß, da er keine großen Seen und Ströme hat, woran er seine Seele erlaben und wodurch er sich zuweilen in die Unendlichkeit hineinspielen kann, so ist er ganz beklagenswerth. Deswegen ist der Bewohner von Inseln und Küsten immer noch viel reicher als die Mittelländischen, weil die großen Gestalten und Geister des Meers ihm frische Ideen bringen, und mit ihm so leicht in die Unermeßlichkeit hineinfliegen.

Viele haben diese Zeit eine saturnische Zeit genannt, die in bodenloser Unmäßigkeit und Gierigkeit sich selbst verschlinge und auffresse. Das muß man leider bekennen, daß von den Staaten wie von den Einzelnen häufig so verfahren und gehandelt wird, als werde es hinter dieser Zeit keine Zeit und Menschen mehr geben; sie vergeuden das Vermögen in Jahren, was für Jahrhunderte zurückgelegt werden und woran die Urenkel sich noch erquicken sollten. Vormals hieß unser Kaiser ein Mehrer des Reichs, das er aber seit drei Jahrhunderten mehr vermindert als vermehrt hat. Die Idee des Mehrens und Vermehrens hatte sich bei den Teutschen und auch bei den teutschen Fürsten nun freilich verloren, dafür aber war seit fünfzig, sechszig Jahren die Lust des Mehrmachens, ja die eigentliche Mehrmacherei aufgekommen; was von vielen Plusmacherei genannt wird. Auf allen möglichen Wegen und durch alle möglichen Mittel die möglich größte Zahl

Geld und Menschen zu machen, das hat vielen die erste und erhabenste aller Künste gedäucht. Bei dieser unglücklichen Mehrmacherei, bei diesem künstlichen Anlegen von Menschenpflanzungen und Errichten von Fabriken, wo sie der Natur und Gelegenheit und den Umständen nach auf die Länge nicht bestehen konnten, war man so geblendet, daß man allein den Augenblick, und auch den kaum, sah und auf die Zukunft gar keine Rücksicht nahm. Man machte es da häufig, wie ein schlechter Wirthschafter thut, der in fünf Jahren das Fett eines guten Bodens so ausmärgelt, daß er nachher zehen Jahre bedarf, ihn wieder tragbar zu machen. So sind manche Gegenden wüst geworden und kahl, die sonst reizend und luftig waren, und wann die nackten Berge kein Holz und wann die Anhöhen und Hügel kein Gras und die Bäche kein Wasser mehr haben, dann verschwinden auch die armseligen Anpflanzlinge und Fabrikarbeiter, und die Gegend ist durch Schuld der Menschen ganz verödet. Die Natur behauptet ewig ihr Recht: was der Mensch zu künstlich machen will, gedeiht nicht; am wenigsten gedeihet die künstliche Menschenvermehrung. Ungebührliche Hindernisse der Bevölkerung eines Landes sollen die Regierungen wegräumen, das Glück und die Freiheit der Menschen sollen sie befördern; das Einzelne sollen sie ihnen selbst und der Natur überlassen. Es werden sich die Menschen schon verwehren, wo Raum und Fruchtbarkeit für sie ist und wo gerecht und menschlich regiert wird.

Die Völker des Alterthums hatten den Grundsatz, den alle vernünftigen Regierungen haben sollten, daß sie nicht die meisten Menschen, sondern die stärksten, freiesten und tapfersten haben wollten; sie meinten, ein tüchtiger Mann sey mehr werth als drei hungernde und lungernde Schwächlinge und Kümmerlinge. Ein Maaß der Volksmenge, worüber in einem bestimmten Lande nicht hinausgegangen werden darf, vermag eine Regierung nun freilich nicht zu setzen, aber sie soll die Natur so verwalten und die Gesetze so stellen, daß ein gesundes, starkes und freudiges Menschengeschlecht sich entwickeln und erhalten kann. Ein Land kann auch zu bevölkert seyn, und dann werden die Menschen wie anderes Ungeziefer und Geschmeiß, das sich zu geschwind vermehrt und endlich einander fast selbst auffrisst. Man darf nur an China denken und einzelne Landschaften Italiens und Frankreichs, die von Bettlergeschmeiß wimmeln, betrachten, um diese Worte auszulegen; ja auch in Schwaben und im Erzgebirge mögte es hie und da einige Bezirke geben, welche Belege dazu liefern könnten. Keine Regierung soll mit ihrer Volksmenge prahlen; – gälte der Maaßstab, so wäre die chinesische Regierung die erste in der Welt – sondern die Regierungen rühme sich, welche die tapfersten und glücklichsten Menschen aufzeigen kann.

Und wäre denn die Mehrmacherei oder Plusmacherei der Menschen in jenem eben getadelten Sinn wirklich das Höchste und Erste, wornach ein Staat streben und jagen müßte, so wird sie wahrlich durch die Abwaldung der Höhen und Berge und die Verwüstung und Verhäßlichung der Natur nicht erreicht; denn wann die Verwüstung vollendet seyn wird, werden die Menschen verschwinden, die so lange mitgelebt und mitzerstört haben, als es etwas zu leben und zu zerstören gab. Man predigt uns unaufhörlich, daß der Ackerbau am sichersten die meisten und stärksten Menschen ernährt, daß man daher so viel Land als möglich unter den Pflug bringen soll. Wenn wir diesen Ausspruch an sich auch nicht läugnen, so müssen wir ihn doch einschränken, d. h. wir müssen ihn zur Vernunft bringen. Nur das wirklich fruchtbare Land und das leicht zu bearbeitende Land, was die Arbeit reichlich vergütet, soll man unter den Pflug bringen. Berghöhen haben unendliche Mühseligkeit für den Bauer, kosten unendlich viel, und sind weit mehr Mißlichkeiten und Gefahren (Nachfröste, Dürre, Hagelschlag u. s. w.) ausgesetzt, als Hügel und Ebenen. Und wenn vielleicht von ihnen etwas zu gewinnen ist, so verlieren dagegen durch ihren Anbau die unten liegenden Gegenden und die Ebenen an Fruchtbarkeit. Die befruchtende Ausdünstung der Wälder, der Dunst, den sie aus der Luft um sich sammeln, die Bäche und Quellen, welche die Wiesen und Felder unten düngen, versiegen; und ich bin überzeugt, daß Felder, die nicht an Meeresküsten liegen und also nicht durch den Seedunst befruchtet werden, durch größere Dürre und überhaupt durch Unfruchtbarkeit mehr leiden, wann es dem Unverstande oder der spekulirenden Habsucht geglückt ist, die Wälder zu verwüsten oder nur dünner zu machen. Also weg mit den waldverwüstenden Fabrikanten! weg mit ihnen von den Höhen und Berggipfeln! weg dort mit dem Pflüger, der alles ausroden und keine Wälder neben sich dulden will.

Auch mit den Herren will ich zu Gericht gehen und mich mit ihnen stellen, die bei den Verwandlungen der Berge in Fabrikdörfer oder Bauerdörfer sich hinter dem leidigen Worte Einträglichkeit verstecken, ohne eine Zuträglichkeit, die dem Staate mehr seyn soll als alle Einträglichkeiten, anzuerkennen. Freilich scheint ein Mensch, der ein von seinem Vater geerbtes beträchtliches Vermögen nicht mit den Zinsen genießt, sondern jährlich zu den Zinsen ein Viertel des Kapitals mit auffrisst, ein großes Einkommen zu haben. Dasselbe gilt von dem Staate, der die Wälder, die noch den spätesten Enkeln Wärme und Schatten geben sollten, in zehen oder zwanzig Jahren abhorstet. Der erste scheint vier Jahre, der zweite zehen oder zwanzig Jahre ein Reicher dem, der die Verwaltung seines Vermögens nicht näher untersucht – dann aber stehen auch beide in ihrer Bettelarmuth da. Ich aber sage, ein Wald, der wohl bewirthschaftet wird und in Ordnung ist, gleich einem guten Weinkeller, d. h. der immer seine hundertjährige und zweihundertjährige Baumgreise, die abgesetzt werden können, mit dem gehörigen Nachwuchs und der gebührlichen Nachfolge hat, ist wohl so einträglich, wo nicht einträglicher, als ein eben so großer Raum Landes in der Ebne, worauf der Pflug seine Furchen zieht. Man gehe in den Thüringer Wald, in den Fichtelberg und in andere Hochberge des Vaterlandes, und sehe sich um. Auch in Gegenden, wo kein Bergbau ist, ernährt und beschäftigt die Waldwirthschaft eine Menge frischer und glücklicher Menschen in mancherlei Gewerben, und was von Viehzucht und Ackerbau und Baumzucht in den Wäldern sich findet, ist, mit Ausnahme der höchsten Gipfel, besonders gedeihlich, weil der Walddunst die Felder und

Wiesen, welche zwischen liegen, vorzüglich die letzteren, ausserordentlich fruchtbar macht.

Ich bin vor dem Walde still gestanden, ich habe ihn und die Fragen und Rücksichten über ihn und auf ihn in mancherlei Richtungen durchwandert und durchstrichen, und komme endlich zu dem Schlusse, nämlich zu meiner Waldordnung, wie ich sie meine. Wenn ich König von Teutschland wäre, oder wenn ich in irgend einem teutschen Lande Fürst oder Erster Minister oder nur Oberforstmeister wäre – versteht sich Oberforstmeister mit einiger Macht – würde ich sehr thätig zugreifen und eingreifen in diese höchstwichtige Sache. Nun aber kann ich, ein armer Schreiber, nichts weiter thun als sie zeigen und denen, welche sie angeht, sie an die Herzen und Gewissen legen.

Ich meine hier bei dieser meiner Waldordnung Teutschland. Es giebt wohl eine allgemeine Waldordnung, die fast für alle Länder anpassend und angemessen wäre; aber jedes Land hat nach seinen Gelegenheiten und Örtlichkeiten wieder besondere Bedürfnisse, die man nie aus den Augen verlieren muß. Außer dem, was die Wälder überhaupt für den Leib und den Geist des Menschen und für das Gedeihen und die Fruchtbarkeit der Felder und Auen Wirksames und Wohlthuendes haben, müssen sie in einem heißen Klima Schirm gegen die Wuth der Sonne, in einem kalten Klima Schirm gegen die Wuth der Kälte und Winde geben: sie sind des Menschen bester Rock und Mantel und weder aus Fellen noch aus Wollen mag er sich einen machen, der diesn besten ersetzen könnte. In Teutschland haben wir einen gar verderblichen Feind: er heißt Ostwind oder Nordostwind. Dies ist unser Samum oder Scirocco, der im Frühlinge oft fünf sechs Wochen hinter einander wehet und den Menschen, die seinem Pesthauche ausgesetzt sind, durch Mark und Bein dringt. Daß diese Angabe nur zu wahr ist, das wissen die Ärzte wohl, und das wissen diejenigen wohl, welche Menschen auf kahlen Bergen, ja auch nur auf weiten waldlosen Ebenen diesen verzehrenden Winden preisgegeben gesehen haben. Gegen diesen unsern Erbfeind muß vorzüglich der Schutz der Wälder erhalten und, wo er nicht mehr ist, wo möglich wieder angepflanzt werden.

In der Voraussetzung, daß der Mensch und vorzüglich daß die Erzeugung und Erhaltung eines edlen und kräftigen Menschengeschlechts einmal wieder das Erste und alles Andere und alle anderen Rücksichten das Zweite und Dritte dünken werden und dünken müssen, nehme ich an, daß die Erde künftig wieder recht in Beziehung auf den Menschen verwaltet werden wird. In dieser Voraussetzung muß jede verständige Regierung dem Menschen sein Nothwendiges von Wäldern und Bäumen erhalten oder wieder erschaffen, wo es nicht mehr ist.

In der guten Waldordnung werden zuerst die höchsten Höhen der Berge, wo das Gebiet der Stürme und Blitze und des Schnees und Eises besonders herrschend seyn würde, gleichsam geheiligt wie die alten Götterhaine; sie werden vorzüglich dicht erhalten. Dann folgen in Zwischenräumen die niedrigeren Bergkämme, die in ihren einzelnen Abläufen und Absätzen mit Hochwald bedeckt erhalten werden. Die Schlüchte zwischen den Kämmen mögen nach Ortlichkeit und Gelegenheit in Feldern und Wiesen verwandelt werden. So kommen wir zur Ebene. Und folgende wäre für die Ebenen unsere Ordnung und für die Blachfelder:

Wo Wälder wären auf der Ebene, erhielten wir sie, wo keine wären, legten wir sie an auf folgende Weise:

Der größte Feind unseres Landes sowohl für den Menschen als für die Früchte und Gewächse ist der Wind, der vom Osten und Norden her wehet. Unsere Wälder würden diesemnach in der Richtung erhalten oder gepflanzt werden müssen, daß der Strich von Osten bis Nordwesten gegen die Winde geschirmt wäre.

Je alle anderthalb teutsche Meilen müßte Wald seyn, der wenigstens fünfzehnhundert Fuß Breite hätte. Die Länge liefe den ganzen angegebenen Windstrich fort. Dieser Wald dürfte nie so gelichtet oder durchgehauen werden, daß die Stürme einen freien Durchzug hätten, sondern die Hochforst müßte immer gebührlich geschont und forstmäßig bewirthschaftet werden. Das versteht sich, daß diese Waldstrecken hie und da Öffnungen haben würden z. B. für durchlaufende Landstraßen, zwischenliegende Städte und Dörfer, oder gar für einlaufende Ströme und durchstreichende Seen, wo der schwache Mensch der mächtigeren Natur Bahn lassen muß.

Diese vom Staate als eines seiner Heiligthümer gehegten und gepflanzten Wälder mögten immerdar, je nachdem die Dörfer und Grundstücke liegen, auch Privateigenthum seyn. Sie müßten nur nach einem allgemeinen Gesetze verwaltet und bewirthschaftet werden, und der Staat hätte immer die Aufsicht über sie.

Das versteht sich von selbst, daß zwischen diesen Waldlinien jeder Einzelne nach Gefallen Wälder haben und anlegen oder zerstören dürfte, wie ihm gefiele. Nur diese Linien wären gleichsam die Heerlinien für die Wälder, und würden nach unserer Überzeugung wahre Heerlinien des Staats seyn, hinter welchen ein frisches und kräftiges Menschengeschlecht in Friede und Freude wohnen könnte.

Auf diese Weise wäre gesorgt für die Erde, für die Fruchtbarkeit und Schönheit des Landes, für den Leib und für den Geist des Menschen. Man wird auch hievon sagen, wie denn die Faulheit und Sorglosigkeit auch gegen die unabweislichen Wahrheiten so schreit: Hirngespinste! Unausführbare Vorschläge! Das darf aber denjenigen nicht kümmern, der nichts Albernes noch Verwerfliches gesagt hat, der es wenigstens nicht aus verwerflichen Absichten gesagt hat. Der Mensch soll seine Erde und sein Geschlecht verwalten und erhalten lernen. Manches, was dahin gehört, hat er in früheren Zeiten entweder besser gewußt oder gewissenhafter bedacht als jetzt. Dies erhellt aus den Gesetzgebungen vieler alten Völker, dies erhellt auch aus vielen Ordnungen und Satzungen unserer Vorfahren. Weil der Mensch in gewissen Epochen des gesellschaftlichen Zustandes und der menschlichen Bildung und Entwickelung anfängt, die Natur zu zerstören und zu verderben ohne Sinn und Kunst, so muß er das mit Sinn und Kunst wieder gut machen. Das ist überhaupt wahr, daß seit den letzten Jahrhunderten mehr auf die Veredelung der Pferde und Rinder und Schaafe und auf ihre Pflege und ihr Wohlseyn gedacht ist, als auf die Veredelung des Menschen. Was sage ich gedacht? an die Veredelung ist fast gar nicht gedacht, wohl an die Vermehrung desselben im Geiste der Plusmacherei. Den Menschen, das edelste Wesen der Erde, hat man so ungefähr dem Zufall überlassen, und wie der Zufall eben die Anstöße und Reize des Eigennutzes und Gewinnes gegeben hat, so hat man nach diesen die Erde entweder zerstört und verhäßlicht oder verbessert und verschönet. Es ziemte aber dem Menschen, dem denkenden und wissenden Wesen, das also, was es thut, mit Gedanken und Gewissen thun soll, nicht mehr von diesem blinden Zufall, der Gutes und Schlechtes gleich sinnlos macht, sondern von der erkennenden und anerkennenden Wahrheit sich leiten zu lassen. Was durchaus gethan werden muß, das kann auch gethan werden, eben weil es gethan werden muß. Sonst lögen Vernunft und Gewissen, welchen dieser Ausspruch eingepflanzt ist, oder Gott löge, der sie ihnen eingepflanzt hat. Bei dem Kleinen und Mittelmäßigen darf man von Rücksichten sprechen und von unübersteiglichen Hindernissen; bei dem Höchsten und Größten muß alles übersteiglich und überwindlich scheinen, weil es nur immer auf Eine Weise seyn kann, d. h. auf die nothwendige Weise. Hier und bei Gegenständen, die dem hier behandelten Gegenstande ungefähr ähnlich sind, hat die Faulheit und Bequemlichkeit und Gewohnheit und was sonst noch als Schlendrian so mit fortschleicht und schlendert und eben nicht gern neue Bahnen brechen mag, gar kein Recht zu sprechen.

Für die Thiere des Waldes und für das Vieh der Ställe, für Hirsche, Rehe und Säue und für Pferde und Esel und Ochsen haben Forstmänner und andere wackere Leute geschrieben, und auch wohl über Wälder, Koppeln und Gehäge geschrieben, wie diese anzulegen und zu verwalten seyen, damit es den Thieren und dem Vieh darinnen wohl und gedeihlich sey und damit ihr edles Blut und ihre gute Art nicht verschlechtert werde. Ich habe mir einmal den einzigen Verlassenen gedacht, den armen Menschen, wie für ihn die Erde eingehägt und beforstet und bewaldet werden müßte. Und ich habe es nicht gedacht, sondern gefühlt, und, wohin ich nur getreten bin, ist es mir – daß ich eines gemeinen Ausdrucks gebrauche – auf die Nase gefallen und in die Augen gesprungen. Es liegt ja allenthalben klar vor den Füßen, also daß, wer Augen hat, es sehen muß, wenn er es auch nicht sehen will.

Selbst von dieser Stadt * braucht man nur drei bis fünf Meilen in die Berge von Berg und der Eifel zu gehen und das Nächste zu sehen mit seinen Ähnlichkeiten und Unterschieden, um das zu vergleichen und zu beurtheilen, was die hier ausgesprochenen Worte werth sind.

Und wie schlecht ich auch bin und wie schlecht viele der Jetztlebenden auch sind, alle weit von der Einfalt und Tugend, wodurch unsere Väter vor Jahrhunderten noch gelobt wurden, alle mit den klei-

---

* Der Aufsatz ist im Jahre 1815 in Köln geschrieben.

nen Sorgen des Tages und den Begierden der Stunde beladen und geplagt, wovon bessere Zeiten weniger gewußt haben – so können wir doch noch den Unterschied der menschlichen Bilder erkennen und sehen, wie die einen noch nach den Sternen streb-ten und von höheren Gelüsten und Genüssen eine Ahndung haben, und wie die andern, den Blick an die Erde gesenkt, mit ihrem Ochsen und Esel fast auf nichts anderes sinnen, als wie sie satt werden. Wir sind unserer Anlage nach ein Volk geistiger Triebe und Sehnsuchten, ein dem Übersinnlichen und Himmlischen zugeneigtes Volk. Schon Tacitus rühmt an unseren Altvordern, daß sie Tempel und Bilder verschmähten, daß sie die Götter nicht in Mauren einschlossen, sondern im Athem der Natur und im Dunkel der Haine wandelnd glaubten, in deren heiligen Schatten sie das anbeteten, was sie nur durch das Grauen und die Ehrfurcht sahen. Und nach diesen Hainen, nach diesen Stämmen hundertjähriger Eichen und Buchen haben sie sich späterhin die heiligen Tempel gebaut, in deren erhabener und schauerlicher Nacht wir, die kleineren, Enkel einer größeren Vorzeit, wie in einem stillen, auf den Wipfeln über uns spielenden Walde einhergehen. Darum müssen sie bleiben und darum müssen sie wieder geschaffen werden, die alten germanischen Haine, den teutschen Menschen müssen nirgends Bäume fehlen, mit deren Zweigen er wie mit eben so vielen Armen seine Arme verflechten und mit welchen er sich also lustig zu seinen Sternen hinauf nach oben schwingen kann. Sollte es aber mit den Waldverwüstungen, besonders mit der Kahlmachung der Berge und Höhen so fortgehen, wie in einigen Gegenden des Vaterlandes angefangen ist, so mögten wir nach einigen Jahrhunderten ein Volk seyn, auf das unsere Väter nur mit Jammer von ihren lichten Sitzen herabschaueten und das sie als ihre Enkel verschmäheten. Auch wird das nackte und waldlose Germanien nicht mehr Germanien seyn.

So sind wir durch unsern Wald gewandert und haben uns unter seinen Bäumen umgesehen und nach den Geistern gelauscht, die um sie wehen und weben und von ihnen auf die Menschenkinder herabspielen. Wir kommen jetzt auf die zweite Forst, die wir erhalten und, wo sie verwüstet ist, wiederhergestellt wünschten, auf die Forst, woraus zum Staatsbau die stärksten und tüchtigsten Stämme und woraus Masten und Balken gehauen werden müssen, nämlich auf die Bauern. Wir lassen uns nicht verdrießen, wenn viele sagen, daß wir immer auf derselben Leyer klingern und denselben langweiligen Kukuksgesang wieder anstimmen, auch wenn wir närrisch oder wohl rasend genannt werden. Die Wahrheit ist ja selbst so ein närrisches und rasendes Ding, daß sie immer nur Einen Schein und Klang hat. Auch das soll uns nicht kümmern, daß man uns Bauernfreunde, daß man uns für die Bauern partheiisch und gegen den Adel feindselig nennt. Solche allgemeine Namen und Titel, womit man die Leute abzufertigen und ihnen Eins anzuhängen meint, thun dem nichts, der sich davon nicht getroffen fühlt. Zuerst daß ich ein Bauernfreund bin, will ich gern gestehen: aber daß ich ein Adelfeind bin, leugne ich geradezu. Weil ich für den Bauer schreibe und ihn vertheidige, daraus folgt doch nicht, daß ich den Adel hasse; auch daraus folgt das nicht, weil ich mich hie und da wohl gegen Ansprüche des Adels erklärt habe, die mir ungebührlich dünken. So zu folgern, was wäre das für eine Art Schluß, obgleich ich weiß, daß viele sich diese Schlußart angewohnt haben? Für den Bauer spreche ich und haben vor mir viele gesprochen, weil er unmündig ist; für den

Adel brauche ich nicht zu sprechen, weil er selbst Mundes genug hat, den er nicht schweigen läßt.

Wenn man die Zeiten und Völker betrachtet, wie sie vor uns vorüberwandeln und den verschiedenen Geist der Jahrhunderte, wie er sich in den Thaten, Werken und Gesetzen den Menschen, die in ihnen lebten, erklärt und offenbart, so wird einem oft wundersam zu Muthe über die Vielfältigkeit und Wandelbarkeit des Geschlechtes, welchem man angehört. So groß sind die Verschiedenheiten der Triebe und Anlagen, wie der Bildungen und Entwickelungen der Völker, so unendlich weit von einander liegen die Stufen der höchsten Herrlichkeit und der tiefsten Verworfenheit, so verworren ist das Spiel der Weisheit und Thorheit, des Glücks und des Unglücks, welches oft in wenigen Jahren verschüttet und verwandelt, was auf langen Jahrhunderten gebaut schien, daß uns auch hier oft das tragische Gefühl anwandelt, es sey alles nur ein Traum und eine Gaukelei, und mit Blindheit seyen wir umfangen und mit der Hoffnung bethört von Anbeginn, damit wir unsre volle Erbärmlichkeit nicht sähen, damit wir nicht erblickten, welch ein wankelmüthiges und unbeständiges oder wenigstens welch ein von fremder Unbeständigkeit, die zu bessern außer unserer Macht liege, hin und her geworfenes und gerütteltes Geschlecht wir seyen. Denn leider erhellt es genug – und das ist das Bittere und das Niederschlagende bei der Betrachtung der menschlichen Dinge und ihrer Geschichte – daß Dummheit, Eitelkeit, Herrschsucht und die allerschlimmste Pest des Menschengeschlechts, Habsucht, oft geschwind untergraben haben, was Weisheit und Tugend einiger außerordentlichen Menschen erbaut hatten, die von dankbaren Völkern als Propheten und Gesetzgeber verehrt und, weil sie Gottähnliches auf die Erde gebracht zu haben schienen, nach ihrem Tode oft fast den Göttern gleich geachtet wurden. Das aber ist noch bitterer und niederschlagender, daß die meisten Menschen wohl wissen, wie die Erde eingerichtet und verwaltet werden sollte, auf welche Gesetze als auf die eigentlich begründenden und erhaltenden Gesetze das größte Gewicht gelegt werden sollte, daß aber Leichtsinn und Eigennutz immer mächtiger sind, als Pflicht und Erkenntniß. Denn wie der Apostel Paulus sagt, daß kein Mensch sich entschuldigen könne damit, daß er nicht wisse, was Gott sey, da Gott sich in seinen Werken offenbart habe, so können wir auch sagen, daß unsere Staatseinrichter und Staatsverwalter sich nicht entschuldigen mögen mit der Unwissenheit; wenigstens könnten sie wissen, wenn sie wissen wollten. Sie haben die lange Geschichte, sie haben die Erfahrung der Zeiten, und wenn sie dadurch nicht froden * lernen wollen, so tragen sie vor den Zeitgenossen die Schuld des Leichtsinns und

---

* Frode, (ital. prodo, französ. preux, prudh'omme) davon froden, welches den verbundenen Begriff des Gutwerdens und Klugwerdens, also das Weisewerden einschließt. Daher muß dieses treffliche sassische Wort, dem wir kein gleichgeltendes haben, wieder gangbar gemacht werden. Das Wort unfrode bezeichnet die äußerliche und innerliche Untauglichkeit.

der Sorglosigkeit. Freilich wissen wir, daß die Völker die verschiedensten sind mit ihren Neigungen und Strebungen, daß die Länder nach ihren Örtlichkeiten und nach manchen Eigenthümlichkeiten und Anlagen, die man mit Einem Worte wohl Naturnothwendigkeit zu nennen pflegt, auch das Menschengeschlecht, das in ihnen wohnet, und seine Entwicklung in Sitten und Verfassungen auf das mannigfaltigste und verschiedenste gestalten; auch das wissen wir, daß einige Länder so unter dem Fluche der Natur liegen, oder, rechter gesagt, unter solcher Natursklaverei, daß sich die Menschheit in ihnen nicht entwickeln kann zu großer Herrlichkeit und Tugend: dies ist in den zu heissen und kalten Ländern – aber in den Ländern, welchen Himmel und Erde gnädig ist und wo des Naturreitzes und Seelenreitzes genug ist für eine menschliche Entwickelung der Triebe und Anlagen und für eine menschliche Beherrschung derselben, in den Ländern, die ich Länder der Geister nennen mögte im Gegensatz gegen solche, die mir fast nur Länder der Leiber dünken, bildet und gestaltet sich etwas auch den verschiedensten Völkern und Menschengeschlechtern Gemeinsames, was sie als Wesen höherer Art und überirdischen Ursprunges auszeichnet. Dort werden die Menschen durch Sitten und Gesetze, durch Werke und Thaten herrlich, dort wird von Freiheit und Gerechtigkeit und Verfassungen und von andern hohen Gütern gesprochen, worin denkende und geistige Menschen immer den einzigen Preis und Lohn des Lebens gefunden haben und wovon in einem Zustande nimmer die Rede seyn kann, wo die Natur den Menschen unter einer knechtischen Willkühr gefangen hält.

Wenn man nun unter diesen Himmelstrichen, worunter der Mensch sich zu einem freien und würdigen und über die Natur und Naturtriebe in ihm selbst die Herrschaft erringenden Wesen erheben mag, die wechselnden Schicksale der verschiedenen Völker, den Zustand ihrer Rohheit und ihrer Bildung, ihr Steigen und ihr Sinken, und ihren Gipfelungspunkt der Blüthe und Kraft betrachtet und wägt, so muß man endlich auch unter den verschiedensten auf den ungefähr gleichen Linien ihrer menschlichen und bürgerlichen Entwickelung etwas Ähnliches und Zusammenlaufendes finden, wenn man, wie man thun muß, alle äußeren und örtlichen Verhältnisse derselben, die der Entwickelung verschiedene Richtungen und Gestalten geben, gehörig mit in Anschlag bringt. Aus dem nun, was man in den verschiedenen Zeiten Ländern und Völkern in gewissen bestimmten Epochen ihres Zustandes Ähnliches oder gar Gleiches findet, lassen sich dann doch auch über das, was Völker glücklich oder unglücklich, frei oder knechtisch macht, was sie hebt oder senkt, Folgerungen ziehen, die über die Wahrscheinlichkeit hinaus, ja die häufig bis an die Wahrheit gehen. Und außer dem, was bei solchen Untersuchungen und Betrachtungen der Einzelne selbst finden und sehen kann, ist das große Vorurtheil, was die edelsten und geistreichsten Menschen aller Zeiten über die großen Fragen der menschlichen und bürgerlichen Entwickelung und über die menschlichste und beste Verfassung und über die Gründe und Ursachen derselben gefällt haben, für denjenigen von großem Gewicht, der nicht glauben kann, daß so hehre Männer, die von ihren Zeitgenossen für die weisesten und besten gehalten wurden, in ihren Ansichten über Gesetze und Verfassungen und in der Anordnung und Ausführung derselben, wenn diese Ansichten und das wirkliche Eingreifen derselben in das Leben und in die That von unserer Zeit und von ihrem Wollen und Wirken auch die verschiedensten waren, durchaus kleinlich und beschränkt die Dinge sahen und behandelten. Wenn wir von dieser rechten und wahren Ehrfurcht für die Geschichte und für die Thaten und Werke der Männer durchdrungen sind, die einst Hunderttausenden vielleicht Millionen Menschen die hellsten Lichter ihres Zeitalters däuchten, so werden wir von dem thörigten Wahne lassen, als wären wir zweitausendmal oder dreitausendmal weiser geworden als sie, weil die Welt, seitdem jene herrlichen gestorben sind, zweitausend oder dreitausend Jahre älter geworden ist, wir werden im vornehmen Übermuth, der oft nur eine vornehme Dummheit der Überverfeinerung ist, uns über uns selbst und über unser Zeitalter doch so weit besinnen, daß wir uns zuweilen, wo das Unsrige uns eben auch nicht zu klar scheinen will, die ganz einfache Frage vorlegen: Könnte das Vergangene nicht vielleicht eben so gut gewesen seyn, als das Gegenwärtige ist? Und ist das Junge denn wirklich besser als das, was nun veraltet heißt? Und wenn wir nicht eitel und verworren sind und wenn wir im verblendeten und bestochenen Eigennutze nichts Einzelnes suchen sondern das Allgemeine wollen, so muß uns schon vor allem Finden dünken, daß das Menschenleben, wie jedes

Naturleben, wohl auf ganz einfachen Gründen und Ordnungen ruhen müsse, welche nicht ganz verwahrlosete Völker in ihren verschiedenen Entwickelungsstufen nach ihren Bedürfnissen schon werden herausgefunden, ja, ich mögte sagen, mit einer Art Instinkt herausgefühlt haben. Wenn wir bei diesem Glauben, der ein rein menschlicher und geschichtlicher Glaube ist, dann auch noch jenen andern Glauben haben, dass, was jetzt unter der Aufschrift einzelner großer Namen durch die Geschichte geht, das Werk von Jahrhunderten und Jahrtausenden, kurz die Geburt langer Probejahre und Lehrjahre ist, wenn die Seher, Propheten und Gesetzgeber, wenn Moses, Zoroaster, Lykurg, Solon und Numa nur die einzelnen glänzenden Träger oder die letzten Vollender langer und mühevoller Arbeiten und Strebungen vieler Menschenalter sind, so wird uns wenigstens das Vorurtheil der Eitelkeit nicht stoßen, daß der Einzelne damals nicht so weit seyn konnte, als der Einzelne jetzt; sondern wir werden es bei ruhiger Betrachtung immer bestätigt finden, daß, wo das Größte gemacht und geschaffen oder zerstört und verwandelt ward, immer ganze Zeiten und Völker geschlossen in Reih und Glied uns gegenüber stehen. Denn wir wissen ja auch aus der Geschichte jüngerer Zeiten - wenigstens Wissende wissen so viel -- daß nicht Gregor der Siebente und Luther und Loyola die nach ihnen genannten Weltumwälzungen gemacht haben, sondern die allmächtige Zeit; und wir lachen mit Recht über den, der uns jetzt noch einbilden wollte, in Voltaire und Rousseau und Mirabeau und Sieyes stecke die ganze französische Revolution von Anfang bis zu Ende.

Nach dieser vorläufigen Betrachtung rücken wir näher auf unsern Gegenstand selbst, und sehen ihn mehr in seinen einzelnen Theilen und Beziehungen, und warten also ruhig ab, was wir denn endlich Wahres oder nur Wahrscheinliches finden mögen, das dem verwandt und angehörig wäre, was wir eigentlich ausgegangen sind zu suchen.

Wir können nach einer Überzeugung, die hier nicht aus einander gelegt und erklärt werden kann, unmöglich der wilden und rohen Meinung seyn, als sey das Menschengeschlecht nach dem Sündenfalle durchaus in Rohheit und Wildheit versunken und kaum etwas besser als andere Thiere und Bestien gewesen. Denn wenn, wie einige gemeint haben, alle Völker eine Zeitlang menschenfressende Kannibalen gewesen wären, so begreifen wir wahrlich das Wunder nicht, wie solche tief versunkene durch sich selbst oder durch die bloße Gewalt auch der günstigsten Umstände zu Sitte und Gesetz und Wissenschaft und Kunst aus der thierischen und viehischen Dumpfheit sollten erhoben seyn. Für solche hätte es unserer Ansicht nach eines geringeren Wunders bedurft, als daß ein Gott oder ein Gottessohn unmittelbar vom Himmel herabgekommen wäre, sie erzogen und unterwiesen und den verdunkelten Schatten des göttlichen Ebenbildes in ihnen wieder erhellt hätte. Warum wollen wir nicht menschlicher lieber glauben, daß manche Völker, obgleich das höchste Glück und die höchste Erkenntniß dem Menschen verloren war, von der ursprünglichen Klarheit, Wahrheit und Reinheit so viel behielten, daß sie nicht ganz in thierischer Dumpfheit und Stumpfheit der Gefühle und Düsterniß der

Gedanken hinträumten? Aber auch selbst diese glücklicheren Völker waren freilich weit von dem Bilde der Unschuld und Kindlichkeit, die einst gewesen sind, weil sie unserm Gemüthe mit so unendlicher Sehnsucht als ein ursprüngliches Bild eingeprägt sind. Doch wahrscheinlich wurden solche bei allen Mängeln und Leidenschaften, die der menschlichen Natur ankleben, durch Einfalt und Aufrichtigkeit der Herzen und durch eine ebene Mäßigkeit der Triebe und Leidenschaften manche Geschlechter hindurch mit leidlichem Glücke geführt, so daß Sitte und Gebrauch für Gesetz und Befehl herrschten. Aber dieser glückliche Zustand konnte bei der Unvollkommenheit dieser Erde und unseres Geschlechtes nicht immer bestehen. So wie die Menschenmenge sich mehrte, wie um die Bedürfnisse und um ihre Befriedigung Gedränge entstand, mehrte sich auch der Streit und der Hader um das Leben, und aus diesem Streit und Hader mehrten sich die Leidenschaften und Gelüste, ja neue und fürchterliche wurden erweckt, die bisher in der tiefsten Brust geschlummert hatten. Nun entstanden Gewaltige auf Erden, die in Wollust, Habsucht und Herrschsucht hinfuhren und sprachen was mich gelüstet, das ist mein Recht; es entstanden Unterdrücker und Unterdrückte, Herren und Knechte. Gegen Unrecht und Gewalt suchten die Hülflosen Schutz: es waren strengere Gesetze nöthig, welche die wilden Leidenschaften bändigten und schreckten. Die Gewaltigen und Tyrannen selbst fanden ihnen diese Gesetze nützlich: sie fühlten, ohne die Vorspiegelung eines Scheines des Rechtszustandes sey auch ihre Herrschaft die unsicherste. So schränkten sie die Gewalt ein, wo sie ihnen keinen Vortheil brachte, sie befehdeten die kleinen Verbrechen, damit Einer die großen thun dürfte: so weit begünstigte der Eigennutz die Gerechtigkeit.

Mit diesem Zustande der Völker oder einzelner Stämme, die sich allmählig zu einem Volke zusammenbilden und zusammengestalten, beginnen die kürzeren oder längeren, lustigeren oder traurigeren Probejahre, wo mitten im Kampfe der Leidenschaften und Bedürfnisse ein festerer Zustand des Rechts gesucht werden soll. Es ist diese Epoche der Völker jenen grünen Jahren des Jünglings gleich, wo im üppigen Treiben der Säfte die mannigfaltigsten Triebe und Begierden, Gefühle und Gedanken und die wundersamsten Wechsel von Thätigkeit und Faulheit, Sturm und Stille, Wildheit und Milde sich einander durchkreuzen, wo der große Versuch gemacht wird, ob der Jüngling ein tüchtiger oder ein nichtiger Mann werden soll. Auf eine ähnliche Weise gehen die Schwankungen und Schwingungen der Völker in diesen Anfängen eines eigentlich politischen Zustandes zwischen Glück und Unglück, zwischen Freiheit und Knechtschaft, zwischen Verwilderung und Vermenschlichung vielfältig hin und her, bis sie endlich auf jenen gefährlichen Punkt kommen, wo sie den Beweis zu führen haben, ob sie edel oder unedel, tüchtig oder nichtig sind. Viele Völker gelangen nicht einmal auf den Punkt dieser Beweisführung, sondern gehen in den ersten wilden Kämpfen und rohen Versuchen unter, ohne daß nachher von ihnen noch ein Klang in der Geschichte gehört wird.

Diese Kämpfe und Streite der Triebe und Leidenschaften, der Vernunft und Unvernunft, der Gewalt und des Rechts zu verfolgen und zu begleiten, ist leicht das Anziehendste und Anmuthigste, was uns in der Geschichte begegnet. Das aber thut uns am meisten wohl und ist ein Beweis, daß die urgeborne Gerechtigkeit in unsern Herzen noch nicht ganz erloschen ist, wann wir die Völker auf dem Punkte sehen, wo auf der einen Seite die Triebe und Kräfte der Menschen in schöner, irdischer und natürlicher Blüthe stehen und wo auf der andern Seite das Gesetz in seiner heiligen Majestät den Fürsten wie den Bürger umschlungen hält und von jedermänniglich geehrt und gefürchtet wird. Dieses schöne Schauspiel menschlicher und politischer Lebendigkeit und Freudigkeit geben uns von den alten Völkern zuerst die Griechen in ihrer reizenden und frei und stolz spielenden Mannigfaltigkeit der Entwickelung und Bildung. Von den neuen Völkern ist hier die italienische und teutsche Geschichte die lehrreichste und anmuthigste, weil der Italiener und Teutsche im Mittelalter auf die freieste und mannigfaltigste Weise nach Freiheit und Gesetzlichkeit gestrebt hat. Freilich wenn wir auf die jüngsten Jahrhunderte blicken, müssen wir mit Wehmuth bekennen, daß Italien und Deutschland das Spiel verloren zu haben und daß andere Völker, die einen sachteren und gleicheren Schritt hielten, ihnen vorgelaufen zu seyn scheinen. So stehen unter andern die Schweden und Engländer da, deren bürgerliches Streben und Ringen vor Jahrhunderten nicht so stolz und großartig, wenigstens nicht so menschlich und freudig schien, als das der oben genannten Länder, deren Freiheit und Gesetz aber jetzt fester begründet steht, als die ihrigen. Das ist das Erhebendste bei der Nachsuchung und Verfolgung dieses edleren Strebens nach menschlicher und bürgerlicher Freiheit und des Kämpfens und Ringens um dieselbe, daß nirgends so sehr erscheint als darin, was im Leben und in der Geschichte das Große und Ewige ist: daß das erscheint, daß es nicht auf die Weite sondern auf die Tiefe ankommt, daß wir von Natur nicht die meiste Masse, sondern den meisten Geist zu suchen und zu lieben angewiesen sind. So wird Athen, dessen Gebiet in zwei Tagen durchspaziert werden konnte, uns mehr als das Reich des großen Perserkaisers, das für seine ungeheure Weite am bequemsten ein Hundertmeilenmaas gebrauchte, und Städte wie Florenz und Köln können eine größere Geschichte haben als Königreiche, die sich rühmen, auf ihrem Gebiete könne zu gleicher Zeit die aufgehende und die untergehende Sonne gesehen werden. Man stelle den dicken Kappodocier und den leichten und feinen Menschen von Tyrus und Athen, man stelle den Wallfisch und das Pferd, den Puter und die Nachtigal neben einander, und man hat in dem unwillkührlichen Lächeln, wovon man bei dem Gedanken dieser Zusammenstellung ergriffen wird, die innere Bedeutung des Angedeuteten. Die Griechen und hie und da auch die Italiener hatten den Vortheil vor uns Teutschen, daß sie zu rechter Zeit fanden, welche das Große und Würdige ihrer Geschichte frisch und lebendig beschreiben konnten. Bei uns wird es von Tage zu Tage zweifelhafter, ob wir solche je finden werden; denn die Möglichkeit der Beschreibung unserer Vergangenheit muß in dem Maaße erschwert werden, in welchem unsere Gegenwart als Parodie gegen die Vergangenheit tritt. Halb vergessen und in ihren schönsten Theilen verdunkelt liegt unsre große Geschichte mit Staub und Moder bedeckt und hie und da so von Motten und Würmern zernagt und zerfressen, daß sie kaum noch wieder ins Leben hergestellt werden kann. Die letzten Jahrhunderte hat unser Fleiß sich fast allein an Kaiser- und Fürstengeschichten und an Staatshändeln und unbedeutenden Kriegen und Friedensschlüssen zerarbeitet, wobei die Beschreibung nicht großartig und Sinn und Wort nicht tief werden konnten, weil die Thaten und ihre Art kleinlich oder doch einförmig und karakterlos waren. In den fünf Jahrhunderten von den Kreuzzügen bis zum Jahre 1600 liegt unsre große Geschichte beschlossen, wovon noch gar kein großes Bild entworfen ist, sondern wovon wir hie und da einzelne artige Miniaturgemälde haben. Wenn wir aber das Einzelne gegen einander stellen wollen, so bedenke ich mich nicht zu behaupten, daß eine lebendige Geschichte von teutschen Städten, wie Strasburg, Köln, Nürnberg und Lübeck weiland waren, wohl größere Mannigfaltigkeit wirklichen lebendigen Lebens und Strebens haben mögte, als die Geschichte manches Reiches, das sich deswegen ein großes Reich nennt, weil 24 oder 40 Millionen Menschen Unterthanen Eines Herrn heißen.

Es giebt ein paar Worte, die man vor gewissen Leuten nicht nennen darf, weil gewisse Völker und weil jüngst noch ein gewisses Nachbarvolk gräulichen Unfug und Mißbrauch damit getrieben haben: die unschuldigen Worte Freiheit und Gleichh e i t. Indessen kann man durch die Geschichte, wo sie eine große Geschichte ist, und durch die Fragen und Betrachtungen über Gesetzgebung und Verfassung kaum einen Schritt thun, ohne daß einem diese beide begegnen. Es mögte gleich ewig unentschieden bleiben, ob sie für die Erde gehören, ja es mögte auch durch wirkliche Einrichtungen der Menschen hienieden nie ein Beweis der Möglichkeit ihres irdischen Daseyns abgelegt seyn, sie sind als Ideen einmal in unseren Köpfen und als Wünsche in unsern Herzen, und das Verlangen nach ihnen ist da, auch wenn es kein politisches Verlangen ist. Denn das Bekenntniß legen die meisten Menschen unwillkührlich ab in der Art, wie sie sich darüber ausdrücken, daß die hohen Güter, die sie durch diese Worte bezeichnet glauben, hier auf Erden sehr selten erlangt werden. Dahin zielen ungefähr die Seufzer des Unterdrückten und Unglücklichen, wenn er, mit dem Blicke zum Himmel gewandt, ausruft: „Nun es wird ja auch sein Ende haben, im Himmel sind wir gottlob alle gleich" und die gewöhnlichen Aussprüche des Glaubens des Frommen, wenn er spricht: „o wie viel glücklicher und freier würden wir leben, wenn Adam Gott nicht ungehorsam gewesen wäre!" Bei solchen Ausbrüchen der Hoffnung und Sehnsucht sind die Menschen sich freilich selten bewußt, was denn ihre himmlische Gleichheit und paradiesische Freiheit eigentlich seyn soll und seyn kann, aber sie denken sich doch etwas die irdische Mühseligkeit, Gebrechlichkeit und Beschränktheit weit Übertreffendes; das fällt vorzüglich bei den meisten in dem Begriff von Himmel und Paradies wohl zusammen, daß in der unendlichen Weite, mit welcher diese sich ihrer Fantasie aufthun, Raum und Freude für alle ist, daß dort nicht um Besitzt und Genuß gerungen wird, wie hier unten. Und in der That auch hier auf der Erde und bei dem Gedanken an die Erde und an ihre Einrichtung und Verwaltung, wenn wir uns so forttragen lassen und uns blos das ursprüngliche und allgemeine Bild vorschwebt und durch seinen Glanz die bedingenden und beschränkenden Verhältnisse in Schatten stellt, beschleicht uns der süße Wahn einer gleichen Vertheilung von Besitz und Freude, und wir wollen so gern eine Zeitlang nicht wissen, daß es von jeher viele recht gepreßte und mühebeladene Sterbliche auf unserm kleinen Planeten gegeben hat und auch künftig geben wird.

Wie nun die Verhältnisse der Dinge auf Erden gestellt sind, wie die Gebrechlichkeit und Unvollkommenheit der menschlichen Natur und der Erde selbst, wie die verschiedenen Anlagen und Triebe, die verschiedenen Fähigkeiten und Kräfte diesen schönen Traum aus einer besseren Welt hienieden nicht verwirklichen lassen, das entdecken wir nur zu bald, wenn wir das Leben und die Geschichte befragen, und lernen uns in unsern idealischen Ansprüchen bescheiden, weil wir uns bescheiden müssen. Wir lernen endlich als Verhängniß ansehen, was wir nicht ändern können, und nennen die unbezwingliche Gewalt, die selbst über Ideen hinaus herrscht, Glück oder Schicksal. So geben wir denn jene paradiesische und himmlische Gleichheit auf, die gleichen Besitz, gleiche Freude und gleichen Genuß anspricht; aber eine andere Gleichheit begehren wir von den Menschen, wenn wir jene von Gott nicht erlangen können: wir begehren, wenn das Schicksal Gaben und Güter und Genüsse des Daseyns so ungleich getheilt hat, daß das Gesetz, welches der Mensch setzt als Ausgleicher des Ungleichen und Besänftiger des Streitenden, nicht auch sein Gewicht noch in die Wagschale des Glücks lege und so den schon vom Schicksal Versäumten ganz zermalme. Wir begehren also jene Gleichheit von dem Gesetze, daß es jedem, er sey hoch oder niedrig, reich oder arm, mit gleichem Maaße messe und mit gleicher Wage wäge.

Auch der Begriff der Freiheit ist ein verhüllter Begriff, von welchem wenige Menschen sich eine klare Vorstellung machen, den jeder nach seiner Ansicht und nach seinem Gefühle auslegt und der in der That der mannigfaltigsten Auslegungen fähig ist. Die Menge, die sich nichts ganz klar denkt, versteht unter dem Worte F r e i h e i t häufig jenen Zustand, wo einer thun kann, was er will, und da scheint darunter ein gar gefälliges Leben zu stecken, das mit dem so ziemlich zusammenfällt, was man unter Ausgelassenheit versteht. Die arme Menge meint es aber so schlimm nicht, als es bei dem ersten Schein aussieht, am wenigsten aber denkt sie an politische Ausschweifungen, sondern höchstens an jene Zügellosigkeit der Genüsse, wodurch man häufig der kleinen Polizei in die Hände fällt. Überhaupt denkt die den meisten Menschen natürliche Gutmüthigkeit bei dem Worte Freiheit immer mehr an das, was Freude und Genuß giebt, als an jene gefährlichen politischen Wagstücke, wo um Herrschaft und Verfassungen oft so blutig gerungen wird. An den sorglosen, den mühelosen und kummerlosen Zustand wird dabei am meisten gedacht. So sagt man bei der wehmüthigen Rückerinnerung an die Kindheit und Knabenjahre: O hätten wir doch jenes schöne freie Leben wieder! So ruft der Beamte, zwischen seinen Aktenstößen sitzend: O die goldene Jugendfreiheit! So schwört der Matrose bei dem Lande, wo Rum und Tabak ohne Abgabe eingeführt werden darf: das ist ein Land! freier lebt es sich in der Welt nicht. So haben Nero's Freigelassene weiland gesegnet, wann sie Kapaunen verschlangen und Cyper und Syrakuser schlürften: Gott erhalte den Kaiser, den Liebling des Menschengeschlechts, den Beschützer der Freiheit und Freude! Und so segnet noch heute mancher Lakei mit und ohne Stern das freie und glückliche Leben, was ihm sein erlauchter X und Y schafft. Es giebt Alter des Menschen, die einen so engen Spielraum bedürfen und Leidenschaften und Bedürfnisse so wenig kenne, daß sie sich frei dünken, wann sie satt sind und wann sie in des lieben Gottes Luft und Licht spielen und sich tummeln dürfen, wie ihnen gefällt; es giebt endlich Menschen in allen Altern, die nur mit dem Bauch und der Kehle und noch allenfalls mit einem andern halben Sinn leben, die mit einer sanchopansaischen Seele Freiheit zu athmen und nichts als Freiheit zu fühlen und zu schlürfen scheinen, wann ihnen nur die Fülle der leiblichen Weide bescheert wird. Auf hundert verschiedene Weisen wird die Freiheit also von den verschiedenen Menschen genannt und verstanden, nach den verschiedensten Richtungen hin wird sie erstrebt und erjagt, mit dem verschiedensten Maaße wird sie gemessen, mit der verschiedensten Liebe begehrt, mit der weitesten Kluft endlich wird sie gesteigert oder gesenkt.

Aber jenseits der seligen Schuldlosigkeit und Unbefangenheit der Jugend, die sich so frei fühlt, weil sie so wenig von der Welt bedarf und begehrt, und jenseits der gemeinen Menschen, welchen dort alles Glück ausgeschüttet däucht, wo die wenigste Arbeit und der reichst Genuß ist, wird noch nach einer andern Freiheit gefragt, wodurch auch die Geister ihre Weide haben wollen; und dies ist eigentlich die Freiheit, worauf wir hier hinspielen: die politische Freiheit im höheren Sinn. Hätten wir so wenig verderbliche und einander feindselige und zerstörende Leidenschaften und Bedürfnisse wie die Kinder, wäre die Natur auch gegen die Menschen überhaupt so liebreich und gütig, als die meisten Menschen es in der Regel doch gegen Kinder sind, so hätte das Menschengeschlecht von der Wiege bis zu seinem Grabe lustig mit einander hinspielen und leben können, wie es ihm gefiel; denn die kleinen Hader, die wohl einmal entstanden wären, hätten sich fast immer leicht und unblutig beilegen lassen. Dann wäre das, was wir im höheren Sinn unter dem Worte politische Freiheit verstehen, nie in einem Menschenkopfe zu einem Begriffe geworden. Aber die Noth der Natur, die Unbarmherzigkeit der Elemente, der Ungestüm und die Wildheit unserer Gelüste und Begierden haben auf Erden frühe Unglückliche und Verbrecher, Tyrannen und Knechte geschaffen und die Menschen, der ewigen Unsicherheit und unaufhörlichen Wechsel eines ungebundenen Zustandes müde, den einige die ursprüngliche Freiheit nennen, haben sich selbst Gesetze gegeben und sich mit vielen freiwilligen Banden gebunden, weil sie ein beschränktes Glück mit Sicherheit einer unsicheren Ungebundenheit vorzogen. So sind die Völker einer selbst gemachten Nothwendigkeit dienstbar geworden, wodurch den zu kühnen Verbrechen und zu frechen Leidenschaften die Bahn verengt werden sollte. Dieser Zwang, dessen ein vollkommneres Gestirn und vollkommnere Wesen freilich nicht bedurft hätten, hat zuerst den Begriff der Freiheit geboren. Das Wort Unschuld ist durch die Schuld und das Wort Freiheit durch den Dienst in die Sprachen der Menschen gekommen: um das Gesetz, um das wodurch der Zwang bedingt ist, hat sich die Idee der Freiheit gesammelt und entwickelt.

Der Mensch, wenn er bis auf diesen Punkt der Entwickelung gekommen ist, wenn er die sogenannte ursprüngliche Freiheit bis hieher aufgegeben hat, beginnt nun das Gebiet abzustecken, in welchem er sich noch frei und ungehindert bewegen darf. Grauen vor Gewalt der Natur und vor der schlimmern Gewalt seines Gleichen machte ihn dem Gesetze dienstbar. Da er nun das Gesetz freiwillig empfangen hat, wohl wissend, daß er eine große und schwere Last auf seinen Nacken nahm, die er künftig oft sehr drückend fühlen würde. so hat er es nur aufgenommen, damit er von den Plagen jenes unbestimmten und wüsten Zustandes befreit würde, wo er ohne feste Übereinkunft mit seines Gleichen doch immer rechtlos und schutzlos und also unglücklich war; er hat sein Recht und seine Richtschnur gesucht und gefunden.

Da der Mensch den einzelnen Willen – ein hohes Gut, das er nur um höhere Güter aufgeben konnte – gebändigt und drein gegeben hat, so verlangt er unerbittlich, daß es keinen einzigen Willen gebe, der über die Übereinkunft hinaus oder gar gegen die Übereinkunft etwas vermöge. Er darf hier auch nicht die geringste Ausnahme zugestehen; denn was für Einen erlaubt und möglich wäre, müßte nach einem ganz gültigen Schlusse ja auch für Millionen erlaubt und möglich seyn: wann der Damm erst für Bäche durchbrochen ist, wird er es auch für den Strom werden. Der dem Gesetze unterwürfige Mensch will demnach, daß alle sich demselben unterwerfen sollen, er will, daß der König seine Majestät erkennen und ihr gehorchen soll wie der Bettler. In dieser Majestät des Gesetzes setzt er die eigentliche Freiheit. Wo aber nur die geringste Ausnahme ist, wo gelehrt werden darf, daß der Herrscher über dem Gesetze ist, da nimmt er das Gebiet der Sklaverei an, wie mannigfaltig auch die Abstufungen vom Besseren und Schlechteren oder umgekehrt sind. Nach hundert Zufälligkeiten, nach der Beschaffenheit jedes Landes und der Eigenthümlichkeit jedes Volkes können die Gesetze selbst, welche Menschen sich geben, auch die verschiedensten seyn, strenger oder milder, vollkommener oder unvollkommener; doch wird nach ihnen die Freiheit nicht gemessen, sondern nach dem allgemeinen Gehorsam, womit jeder unter denselben gebunden ist: *und mit Recht halten die Menschen, welche sich auf Freiheit verstehen, den Staat besser und glücklicher, wo schlechten Gesetzen ohne*

Ausnahme gehorcht wird, als jenen andern, wo Eigenmacht oder Muthwille gute Gesetze nur zuweilen überschreiten dürfen.

Der eigentliche Begriff politischer Freiheit ist also: Höchste und ausnahmenlose Herrschaft des Gesetzes *; denn nur wo diese

---

* Man könnte sagen, diese Beschreibung der Freiheit sey zu eng, und sie hätte heißen sollen: Freiheit ist der Zustand der menschlichen Gesellschaft, wo solche Gesetze herrschen, welche die größte leibliche Sicherheit und das größte leibliche Wohlseyn mit der höchsten geistigen Entwickelung und dem höchsten geistigen Wohlseyn verbinden, und wo diese Herrschaft allgemein ist. Ich aber behaupte, die Breite ist nicht nöthig. Überflüssige Gesetze, welche die menschlichen Kräfte ohne Noth beschränken, und schädliche Gesetze, welche sie unterdrücken, werden von selbst verschwinden, wenn ihnen von allen ohne Ausnahme gehorcht werden muß; denn dann haben sie für niemand Vortheil. Solche sind durch Herrschaft und Habsucht erfunden, sie entstehen und werden vervielfältigt, wo Einer oder Mehrere außer und über dem Gesetze stehen. Der gesunde Verstand und das richtige Gefühl der Menschen werden, wenn kein Einziger ist, der Vortheil dabei hat, daß das Überflüssige und Schlechte bleibe, immer erschaffen was allen nützt und wegschaffen was allen schadet. Die alten Völker nannten jeden Zustand

Herrschaft wirklich ist, kann der Mensch sein Leben so einrichten, daß er durch strengen Gehorsam nichts zu fürchten und sich vor keinem einzelnen Willen zu beugen hat: welche Beugung, selbst wenn sie innerhalb der Verbeugungen stehen bleibt, das bitterste Leid ist, was einem stolzen und muthigen Herzen widerfahren kann. Außer dieser hohen politischen Freiheit spricht man häufig noch von einer höheren, von der sogenannten geistigen Freiheit, und auch über diese muß hier Einiges gewinkt werden.

Die Guten und Redlichen, wann sie klagen, daß es auf dieser unvollkommenen Erde nicht so ist, wie es nach dem der Menschenbrust von Anbeginn eingepflanzten Bilde, der Gerechtigkeit seyn sollte,

---

der politischen Gesellschaft Tyrannei, wo der Herrscher oder die Herrscher (wann es Aristokratie, Oligarchie oder Ochlokratie war) nur das Geringste vermögten über das Gesetz hinaus oder neben dem Gesetze hin. Solche Herrscher hießen Tyrannen. Es konnten die freundlichsten, mildesten und gerechtesten Menschen seyn; sie waren mit Haß beladen, wenn sie nicht so gerecht waren, sich unter das Gesetz zu stellen und das Gesetz für den einzigen rechtmäßigen Tyrannen und Despoten zu erklären; niemand vertraute denen, welche auch die Macht hatten, das Böse und Ungerechte zu thun. Der Name Tyrann ist in die abendländischen Sprachen übergegangen, worin er nicht mehr auch den milden Gewaltherrscher bezeichnet, sondern bloß den, dessen Gemüth sich zur Ungerechtigkeit und Grausamkeit neigt.

wann sie klagen, daß Habsucht, Schmeichelei, Lüge und Sklavensinn oft alle Gesetze umgehen oder durchbrechen, kurz wann sie klagen, daß der Stolz und die Freiheit todt und der Eigennutz und die Knechtschaft recht lebendig sind, werden von vielen mit der Antwort abgewiesen: „Ihr klagt thörigt; wer kann dem Menschen die Freiheit nehmen? die Freiheit nämlich, welche allein diesen Namen verdient, die geistige Freiheit? Freilich die Theilnahme an den Gesetzen und an der Gesetzgebung kann der Despotismus euch abschneiden, auch das Sprechen kann er euch theuer machen durch Censuredikte und durch heimliche Späher, die mit dem Verdachte und der Anklage allenthalben lauschen, aber das Denken kann er euch nicht verbieten."

So oder auf eine ähnliche Weise hat man viele antworten gehört; sie können mit solcher Antwort wohl die Person, aber nicht die Sache abfertigen. Denn der gewöhnliche Spruch; Alles mag ein Tyrann dem Menschen verbieten, nur nicht das Denken, dieses hat Gott frei gelassen, hält nur bis zu einem gewissen Punkt Stich. Wir wissen, daß es bei dem sklavischesten Zustande der Gesellschaft einzelne Wortklauber und große Schriftgelehrte gegeben hat; solche sah man nach dem Untergange der griechischen Freiheit an den Despotenhöfen von Alexandrien, Antiochien und Pergamus, aber das arme unterdrückte Volk dachte nicht mehr mit, und deswegen fehlte den Rednern, Weltweisen, Gelehrten und Künstlern jene erhabene Einfalt und kühne Würde und Hoheit der Seele, welche sterbliche Werke mit dem Zeichen der Gottähnlichkeit stämpeln. Deswegen ist auch keine geistige Freiheit im höheren Sinn, wo die politische Freiheit fehlt. So ist der Mensch einmal geboren, daß er äußeren leiblichen Reiz haben muß, damit das Innere Geistige in ihm lebendig werde und bleibe. Wo eine freie Verfassung ist, d. h. wo das Gesetz am höchsten herrscht, da findet sich dieser Reiz. Für die heilige Hut dieses Gesetzes sind die Besten und Geistvollesten im Volke immer gerüstet, und die Staatskräfte, die mit verschiedenen Vortheilen auf einander drücken und mit einander kämpfen, unterhalten einen fröhlichen Kampf, der alle Geister des Volkes erfrischt und bis zu den untersten Klassen durchdringt, so daß alle ihr Gesetz kennen und anerkennen. Diese allgemeine Theilnahme des Volkes an den politischen Verhandlungen, wie sie z. B. in England ist, kann man die Theilnahme aller an der Gesetzgebung nennen; denn wenn auch nicht alle unmittelbar daran Theil haben, (was sie nicht sollen, weil das eine polnische Anarchie geben würde) so ist jene mittelbare Theilnahme, daß sie nämlich mit den Herzen billigen oder verwerfen, was die höchsten Gewalten oder was ihre Stellvertreter thun, ein großes Ding. Dieses große Ding giebt allen Kraft, Seele und Zunge. Wenn aber das Gesetz nicht am höchsten herrscht, wenn einer oder mehrere sind, die über dem Gesetze stehen oder sich außer dem Gesetze gestellt haben, so fehlt die Lust, den Geist zu üben und das Wetter, das Schauspiel, die Mädchen, ja Kapaunen und Rehkeulen und Weine sind endlich die größten Gegenstände der Gedanken des reizlosen und dumpfen Geschlechtes; wenn es vollends eine Macht giebt, die es gar zum Verbrechen macht, über andere Gegenstände als solche zu sprechen oder zu schreiben, wenn der bezahlte Historiograph und Hofpoet oder ein lügender Schmeichler und nach Orden und Jahrgeldern schnappender Ankläger die ersten Geister genannt werden müssen, und gelobt werden, weil sie loben, so schwimmen in dem faulen und stinkenden Todtenmeere der Knechtschaft und Schande endlich Nerone und Domitiane und Vierzehnte Ludwige in Wollust und Blut oben, und unten kriecht ein verthiertes und verdummtes Menschengeschlecht in fürchterlicher Stummheit und Leerheit, welche der Hofpoet als Glückseligkeit besingt, und brummt nur zuweilen wohlgefällig, wann es sich satt gefressen hat.

Also unsre Freiheit heißt Herrschaft des Gesetzes, damit ein würdiger Kampf sey für die Beschützung und Erhaltung des Gesetzes, damit alle durch die Theilnahme an dem öffentlichen Leben das Gesetz kennen und anerkennen, damit die Geister dadurch lebendig und frisch erhalten und gereizt werden zu jeder edlen Kühnheit, zu jeder hohen That und zu jedem schweren und unsterblichen Werke. Durch etwas Großes und Gemeinsames, was allen nah liegt, müssen die Menschen zum Reden und zum Denken erweckt werden. Dem Reden und Denken ist Eins, und wer das Sprechen verbietet, verbietet auch das Denken; die Lippe ist der Wetzstein des Geistes, über die Lippe muß der Gedanke oft hin und her laufen, damit er Glanz, Farbe und Gestalt gewinne. Ein im Innern verschlossener und durch Despoten und Spione zurückgescheuchter Gedanke ist eine Sonne und ein Blitz hinter düstern Wolken; die Zunge muß gelöst werden, damit der

Gedanke wärmen und leuchten könne: immer verschlossen erkaltet er allmählig und stirbt. Der Tag bricht an und der Mensch spricht. Dies ist so sehr Ein Wort und Eine Bedeutung, daß die ganze schöne Welt Gottes wüst, todt, dumm und stumm wird, wann beide nicht mehr hervorbrechen dürfen; denn die Sprache ist die geistige Sonne auf Erden und muß zuweilen auch der geistige Blitz seyn.

Wir fanden bei der Betrachtung dessen, was unter dem Worte Gleichheit verstanden und begriffen wird, daß die ursprüngliche Idee dieser Gleichheit dem menschlichen Gemüthe so eingepflanzt sey, daß alle Menschen gleichen Genuß der Erde und der Freude hätten. So hat Gott dem Menschen sein Paradies gepflanzt, so sind die goldenen und saturnischen Zeitalter einst gewesen und später als Fabeln der Dichter geglaubt worden, jene Zeitalter, wo die Menschen ohne Krankheit und schwere Sorgen und Arbeiten Jahrhunderte fortlebten, wo die wilden Leidenschaften der Habsucht und Wollust noch nicht wütheten, wo freundliche Güte und Milde vor Hader bewahrte, wo kein Todtschlag und kein Krieg war, und wo die Lebenden glaubten, daß die Gestorbenen, weil sie noch so rein und glücklich waren, unmittelbar zu den Sitzen der Götter auffliegen und von ihnen herab als Engel und Schutzgeister den späteren von jener Reinheit und Glückseligkeit immer mehr ausartenden Geschlechtern beistanden. Aber diese Gleichheit hat auf Erden nicht bewahrt werden können und ist auch nirgends mehr möglich zu machen; für die Verständigen, welchen Narrheit und Verbrechen nicht gefallen, die aus so thörigtem Streben folgen müßten, als das Streben nach solcher Gleichheit seyn würde, hat die Gleichheit endlich den Begriff bekommen, daß das Gesetz, der Schirmer und Strafer, alle gleich richten soll. Obgleich dies nun so ist und wegen der Verhältnisse und Anlagen und Triebe der Natur und des Menschen nicht anders seyn kann, so sind doch große und weise Männer gewesen, welche darauf gesonnen haben, die Gleichheit des Besitzes und der Freude den Sterblichen durch eine strenge und feste Gesetzgebung so zuzutheilen, daß der Unterschied des Glücks und der Glücksgüter der Bewohner eines Landes nicht zu ungeheuer würde: sie haben wenigstens eine Annäherung zu jener ursprünglichen Gleichheit gesucht, die jetzt eine idealische Gleichheit scheint. Sie waren zu weise Männer, als daß sie nicht begriffen hätten, daß die Ordnung der Natur, die man auch eine Ordnung der Nothwendigkeit nennen könnte, sich nicht willkührlich verrücken lasse; aber sie meinten, es lassen sich gegen die Gewalt des Zufalls und gegen die menschliche Willkühr, daß sie sich nicht zu viel erlauben, durch das Gesetz eherne und unzerbrechliche Riegel vorschieben, es lasse sich etwas setzen, wodurch Glück und Unglück ein zu freches Würfelspiel mit den armen Sterblichen zu spielen gehindert würden: Die weisesten und berühmtesten Völkerstifter und Gesetzgeber des Alterthums haben ihre Staaten auf Ackergesetzen gegründet. Das wußten sie, daß sie Natur und Glück nicht binden konnten, daß sie die menschlichen Kräfte und Anlagen nicht so binden durften, daß der Geschwinde mit dem Lahmen, der Starke mit dem

Schwachen, der Kluge mit dem Dummen, der Faule mit dem Fleißigen durchaus Eine gleiche Bahn des Glücks laufen müßte; aber dahin haben sie gestrebt und das haben sie zum Theil erreicht, daß wenigstens ein großer Kern ihres Volkes durch die Verfassung selbst in einem gewissen tüchtigen und mittelmäßigen Zustande des ungefähr gleichen Wohlstandes erhalten wurde. Sie wollten vorzüglich dem Unglück vorbeugen, wodurch die Staaten endlich unvermeidlich untergehen, daß nicht einige Wenige durch Glück und Geschicklichkeit zuletzt allen Besitz an sich rissen und die große Masse des Volks zu bloßen Knechten und Tagelöhnern dieser wenigen Reichen erniedrigt würden. Sie hatten hiebei zwei Dinge am meisten ins Auge gefaßt. Erstlich meinten sie, – und welcher Verständige meinet das nicht mit ihnen? – in den Klassen des Volks, die eine gesicherte mittelmäßige Wohlhabenheit haben, werde Tugend und Redlichkeit, um deren willen doch jeder Staat gegründet gedacht werden soll, am reinsten untreuesten gehalten; und zweitens wußten sie, das Vaterland können keine muthigere und zuverlässigere Vertheidiger haben als diejenigen, welche Arbeit und Beschäftigung nicht in Weichlichkeit versinken ließen und welche mit ihrem Vermögen so an dem Lande festgewachsen saßen, daß sie es in Zeit der Gefahr nicht wie Wechsler und Lombarden einpacken und in sicherere Orte tragen konnten.

Ein großer Mann ist hier vor allen anderen zuerst zu nennen, nämlich der Träger des Alten Testaments der Seher und Mann Gottes, Moses. Je mehr man das Werk seiner Gesetzgebung betrachtet, desto mehr muß man seine tiefe Weisheit und seinen alle Verhältnisse der Gesellschaft umfassenden Blick bewundern. Der Staat, den Moses stiftete, war eine Theokratie, aber sehr weit von der Unterdrückung und Sklaverei. Der weise Gesetzgeber hatte das Land berechnet, das von den Kindern Israel erobert und besetzt werden sollte, und hatte in dieser Berechnung jedem Stamme nach seiner Volkszahl sein Gebiet zugetheilt. Aber weil sein Entwurf nicht ausgeführt wurde, weil einige Stämme zu frühe zum Besitz des Ihrigen kamen und sich bald der Ruhe und Faulheit überließen und den andern, die ihr volles Erbtheil noch nicht hatten, mit den Waffen in der Hand nicht dazu halfen; weil unter den verschiedenen Stämmen auch bald Eifersucht einriß; und weil auf Josuah nicht sogleich ein kriegerischer Anführer folgte – so haben Moses große Ideen nie völlig zum Leben gelangen können, da der politische Staatsleib, worauf er bei seinem Entwurf gerechnet hatte, nie ganz ward. Und deswegen ist der mosaische Staat früh zerspaltet, dann wegen seiner Zwietracht und weil er die Küsten und den Libanon nach Moses Plan nicht erobert und besetzt hatte in den Kriegen neidischer Nachbarn und mächtiger fremder Eroberer Jahrhunderte lang hin und her geworfen, darauf unterjocht und zinsbar, und endlich bald nach dem Anfange unserer Zeitrechnung gänzlich ausgelöscht worden.

In dieser mosaischen Gesetzgebung war der Stamm der Leviten, zu welchem der Mann Gottes selbst gehörte, ein mit vielen Vorrechten begabter und gleichsam adlicher Stamm. Aber das übrige Volk war nicht vergessen. Moses hatte das ganze

Land stammweise eingetheilt, und allen freien Männern jeder Familie war in jedem Stamme ihr Loos oder Erbe an Land zugetheilt worden. Dieses Loos Land war unveräußerliches Staatslehen und mußte bei der Familie, der es zugetheilt war, von Geschlecht zu Geschlecht bleiben. Besonders aber lag das in dem Plane des Gesetzgebers, daß nicht mehrere Loose unter Einem Besitzer zusammenkommen und auf diese Weise eine zu große Ungleichheit des Landbesitzes entstehen sollte. Man kann dies alles in seinen Büchern von den Gesetzen und Ordnungen der verschiedenen Stände weiter nachlesen, vorzüglich aber ist das Buch Ruth darüber ein Kommentar mit stehenden Lettern. Wie sehr Moses Gesetzgebung überhaupt die Freiheit begünstigte, erweist nichts mehr als sein treffliches Gesetz von dem Halljahre, welches je alle fünfzig Jahre alle verpfändeten Grundstücke dem alten Besitzer wiedergab und jenes andere Gesetz, das denjenigen, der einem andern seine persönliche Freiheit verpflichtet oder verkauft hatte, in jedem siebenten Jahre wieder zum eigenen Herrn seines Leibes machte.

Die Verfassung von Kreta und die, wie die Alten uns erzählen, nach ihr gemodelte lykurgische Verfassung Spartas waren gleichfalls auf strenger Eintheilung der Grundstücke unter eine dem Staate angemessene Zahl freier Bürger gegründet. Und Sparta stand gewaltig in seiner rauhen und freilich nicht liebenswürdigen Tugend, bis Habsucht und Üppigkeit nach Agesilaus die alte Ordnung ganz durchbrachen. Auch Athen und mehrere Staaten Großgriechenlands hatten Gesetze, die sich diesen annäherten. Die Alten fürchteten überhaupt das Zusammenhäufen großer Güter und Besitzungen in wenigen Familien als der Tugend und Freiheit der Bürger gefährlich; denn wo wenige Männer mit ungeheuren Reichthümern sind, findet man in der Regel eine Menge blutarme Menschen. Sie fürchteten mit Recht, es würde aus diesen ein Pöbel werden ohne Gefühl für Vaterland, Freiheit und Tugend, der weder fremden Angreifern noch einheimischen Vergewaltigern widerstehen könnte. Man kann ihnen hierin wohl nicht Unrecht geben. Auch haben mit diesen Gesetzgebern oder vielmehr nach diesen Gesetzgebern die geistreichsten und edelsten Männer des Alterthums, welche über Gesetze und Verfassungen geschrieben haben, allgemein den Grundsatz angenommen, daß der Staat, der wohl und gerecht geordnet und sicher gebaut heißen solle, gute Acker- oder Feldgesetze haben müsse, d. h. solche, wo nicht zu große Grundstücke von einem Einzigen besessen und mäßige Güter nicht in zu kleine Theile unter mehrere zerstückelt werden durften. – Wie dieser große Gegenstand bei den Kämpfen zwischen den Patriciern und Plebejern in Rom weiland zur Sprache kam und wie um die Vertheilung der eroberten und dem Staate zinsbaren Ländereien oft blutig gestritten worden, und wie der Geiz der alten römischen Geschlechter, der sich das Beste und Meiste von diesen Staatsgütern mit eigenmächtiger Willkühr zugetheilt hatte, die übrigen freien Bürger gar nicht zum Mitbesitz lassen wollte – darüber haben wir in Niebuhrs römischer Geschichte durch die lichtvollesten und tiefsten Untersuchungen zuerst Tag erhalten.

Bei den neueren Völkern finden wir die Verfassungen nirgends als ein fest in einander greifendes und aus der Idee großartig zusammengebautes und zusammengehängtes Kunstwerk gegründet, wie dies bei Moses, Lykurgus und mehreren großen Gesetzgebern des Alterthums offenbar der Fall war. Bei uns ist es eben geworden, wie es hat werden können, viele mögten sagen, wie der Zufall es gewollt hat. Das sagen wir aber nicht, obgleich wir nicht leugnen können, daß die neuen Völker, auch nachdem sie bessere Einsicht erlangt hatten, sich mehr als recht vom Ungefähr haben treiben lassen. In die Gesetze und Verfassungen der letzten fünfzehnhundert Jahre hat eine gewaltige Macht mithineingespielt, welche den Alten fehlte, die milde und menschliche Majestät des Christenthums, welche vieles ergänzt hat und bis diesen Tag ergänzt, was darin Unvollständiges und Unzusammenhängendes seyn mag, und welche die Wüstheit und Grausamkeit aller habsüchtigen Triebe der menschlichen Natur im Allgemeinen doch auf eine wundersame Weise gebrochen und gemildert hat. Wie diese himmlische und göttliche Kraft des Wortes von der Liebe und Barmherzigkeit gleichsam als ein unmittelbarer Hauch und Athem von dem Herrn die Empfindung der ganzen Welt durchdrungen und alles mit einem zarteren und geistigeren Leben und Streben beseelt und die trotzige und stolze Tugend der Heiden zu Sanftmuth und Demuth gebeugt und zugleich die meisten Ansichten und Verhältnisse des Lebens und des Staates verändert hat – was soll ich hier weitläuftig aufzählen, was wir alle wissen, oder wovon wir auch ohne Wissen von selbst schon innerlich überzeugt sind? Ich wiederhole hier nur, was ich anderswo schon gesagt habe, daß die Staaten des Alterthums, wie trefflich ihr Grundbau auch seyn mogte, deswegen nicht viele Jahrhunderte überdauern konnten, weil sie von Anfang an einen Todeskeim des Gräuels und Verderbens in sich trugen, die Sklaverei, worauf als auf einem morschen Pfeiler die trotzige und oft grausame Freiheit der Freien mit ruhete. Durch dieses Grundübel giengen die meisten Staaten der Heidenzeit geschwinderen Schrittes zum Untergange, als sie gethan haben würden, wenn sie diese unselige Beimischung nicht gehabt hätten. Das Christenthum hat freilich selten einen so stolzen politischen Schein von sich gestrahlt als jenes Heidenthum, aber es hat die Völker und Staaten mit sanfterer und fast immer sichererer Hand geführt, und, indem es die Leidenschaften und Triebe der Menschen bändigte, hat es oft auch die zu reißende Bewegung, ich mögte sagen den zu geschwinden Ablauf, der Staatsmaschine aufgehalten.

Wie gesagt, die Verfassungen der neueren Staaten im Gegensatze gegen diejenigen Staaten des Alterthums, deren Geschichte uns besonders anziehend und lehrreich ist, haben sich mehr so von selbst gemacht, was man gewöhnlich sich so von selbst machen nennt, als daß sie nach dem festen und in der Zusammensetzung seiner Theile genau abgemessenen Entwurf eines Gesetzgebers gemacht wären. Bei einem solchen Sichselbstmachen zeigen die Völker am besten, was sie werth sind und was von ursprünglicher Anlage zur Freiheit und Gesetzlichkeit in ihnen ist. Unsre Vorfahren, die Germanen, offenbaren sich da von dem Anfange ihrer bekannten Geschichte als ein edles und freies Volk. Sie hatten Fürstengeschlechter und Leibeigene. In ruhigen Sitzen bewohnten sie das Land, nach gleichem Maaße des Ranges und der Bedürfnisse unter sie getheilt; doch so daß alle den Fürsten und Vornehmsten, welchen sie im Kriege folgten, Ehrengeschenke gaben und daß die Leibeigenen gegen Abgaben von Vieh und Getraide an die Freien Zinshöfe bewohnten, deren Grund ihnen nicht gehörte. Tacitus sagt uns ausdrücklich im 26. Kapitel seines Büchleins über Germanien, daß sie nach der Zahl der Köpfe der Ackersleute (pro numero cultorum) und nach der Würde theilten, wann sie neue Strecken Land unter den Pflug nahmen. So ward für eine billige Gleichheit des Besitzes gesorgt.

Auf die Weise, wie sie es daheim in dem eigenen Lande hielten, wann neues Ackerland unter Dorfschaften oder Gemeinden zu vertheilen war, hielten sie es späterhin auch, als sie im fünften und sechsten Jahrhundert als Eroberer über die Donau und den Rhein gen Süden und Westen oder auf Schiffen gegen die Inseln zogen. Die Eroberer theilten die mit dem Schwerdte gewonnenen Länder und die Bewohner derselben unter sich, so daß von dem Fürsten bis zu dem untersten Freien, der ihm gefolgt war, jeder nach dem Maaße seiner Ansprüche oder seiner Bedürfnisse sein gebührendes Loos erhielt. Diese Germanen arteten aber nun bald aus, weil sie in den alten Einwohnern der eroberten Länder zu viele und zu kluge und verdorbene Sklaven bekamen. Wie das Gemüth dadurch verdorben ward, verlor auch die Freiheit ihre Kraft, die ohne

Tugend nie besteht, und bald entwickelte sich eine eigenthümliche Art eines unfreien Zustandes, welchen viele Knechtschaft genannt haben. Dieser in vielen Abstufungen und oft mit den seltsamsten Verschiedenheiten in einander verzweigte und verflochtene Zustand einer vielfältig gebundenen Unfreiheit ist das Lehnwesen genannt worden, das auch Feudalwesen heißt.

In dem eigentlichen Germanien, in dem Lande, was wir jetzt Teutschland nennen, hatte sich in den Gegenden, wo fremde Völker entweder gar nicht oder doch nur eine gar kurze Zeit gehaust hatten, die Einrichtung am besten erhalten, welche ursprüngliches Gefühl von Recht und natürliche Billigkeit bei der Vertheilung der Ländereien gemacht hatten. Diese glücklicheren Gegenden waren die Mitte des teutschen Landes und der Westen zwischen dem Rhein und der Elbe, jener glänzende Schauplatz der gewaltigen Römerkriege, aus welchen unsere Altvordern so siegreich geschieden waren. Was von Germanien jenseits der Elbe nördlich und jenseits der Elbe und des Fichtelberges östlich liegt, war von Wenden * (Slaven an den Küsten) und Slaven sehr angefressen und mit seinen früheren Verhältnissen zerrüttet; was über der Donau, zwischen Donau, Alpen und Adriatischem Meere lag, war zuerst von den Römern dann von Slaven,

* Veneti am adriatischen Meere, Veneti in Gallien an den Küsten, Vandali, Veneti an der Ostsee (Germanen, dann Slaven) - von Wand, Watten etc. Meer, Wasser.

Avaren, Magyaren hart mitgenommen und zerrüttet worden. Auch ist in den Ländern, wo die Slaven Jahrhunderte gehaust haben und wo zum Theil noch bedeutende Reste von ihnen sitzen, die Freiheit der kleinen und mittelmäßigen Grundbesitzer nie wieder geworden, was die frühere germanische war. Wenige kleine Freie sind dort geblieben oder haben sich dort später wieder erhoben; die meisten Bauern und bauerlichen Menschen schmachteten da bis auf die letzten Zeiten entweder in einer armseligen Abhängigkeit oder gar in einer traurigen Leibeigenschaft: so sehr hatte der Sinn und die Art eines fremden Volks das Germanische zerstört oder verschlechtert. Die Länder, die ich meine, sind Krain, ein Theil von Steiermark und Östreich, Mähren, Böhmen, Schlesien, die Lausitz, die Marken, jenseits der Elbe, Pommern und Mecklenburg.

Aber auch jene glücklicheren Gegenden Teutschlands in der Mitte und im Westen des Vaterlandes, welche ich eben angegeben habe, konnten sich dem Geiste der Verschlechterung und Verschlimmerung, dem Geiste des Bösen und des Übels, nicht erwehren, der von den Nachkommen der alten ausgewanderten Germanen aus den südlichen von ihnen eingenommenen und germanisierten Ländern auf sie zurückwirkte. Hier müssen vorzüglich die Franken genannt werden, welche, nachdem sie Gallien erobert, die Westgothen fast ganz über die Pyrenäen getrieben und das Reich der Burgunder zerstört und ihnen unterworfen hatten, ihre Macht auch die alten Brudervölker jenseits des Rheins fühlen ließen. Unter dem mächtigsten der Frankenkönige aus dem Hause Pipins von Herstall, unter Karl dem Großen wurde das letzte unabhängige Germanenvolk, das große und mächtige Volk der Sassen oder Sachsen, nach einem dreißigjährigen blutigen Kampfe mit dem weiten Frankenreiche verbunden. Nach Karls Tode lösten sich freilich die straffgezogenen und straffgehaltenen Zügel der Herrschaft unter seinen schwachen Nachfolgern, die nach ihm noch ein Jahrhundert in Teutschland regierten, auch löste sich Teutschland (das Land diesseits der Alpen, Ardennen und Vogesen) selbst von dem zu weiten Frankenreiche, und ward ein eigener Staat für sich; aber seine Schicksale die nächsten anderthalb Jahrhunderte waren unlustig unter Schwachen und ohnmächtigen Herrschern und unter Stürmen und Einfällen wilder und roher Völker, welche von Osten und Norden es zu erschüttern und zu verwüsten kamen. Und so viel hatte in ein paar Jahrhunderten der Verbindung die Art und Einrichtung des Frankenstaates und Befehl und Beispiel gewirkt, nebst neuen Weltverhältnissen und veränderter Staatsordnung, daß die Freiheit der kleinen und mittelmäßigen Grundbesitzer, die man, wie man will, freie Bauern oder kleine Edelleute nennen kann und worauf Germaniens alte Freiheit und Wehrhaftigkeit gegründet gestanden hatte, mehr und mehr unterdrückt und gebunden war. Es hatte sich das fränkische Lehnwesen eingeschlichen, wenige kleine Männer waren frei geblieben zu einer Zeit, wo so viele mächtige unfrei werden mußten; eine mehr oder weniger fesselnde und drückende Abhängigkeit und Hörigkeit, die von der schlimmsten Leibeigenschaft bis zur leidlichen Pflichtigkeit hundert verschiedene Stufen, Arten und Namen hatte, umfaßte die Enkel des Volkes; dessen Boten, wie einige dafür halten, jenem Alexander von Macedonien gesagt hatten, daß es sich nur fürchte, wann der Himmel einfalle.

Mehrere Jahrhunderte lag der größere Theil der kleineren Landbewohner, die Bauern, tief versunken in Abhängigkeit und an manchen Orten des Vaterlandes in unwürdiger und jammervoller Sklaverei. Diese Unterdrückten, diese armen Leute, wie die Rechtlosen genannt wurden, waren nicht blos Abkömmlinge jener Leibeigenen, die schon zu Cäsars und Tacitus Zeiten in Germanien waren, sondern es waren auch die Enkel solcher Männer darunter, die unter Ariovist und Hermann und Wittekind als die Freiesten und Besten gegen die Knechtschaft gefochten hatten. Ihre schlimmste Zeit war die vom neunten bis zum zwölften Jahrhundert; seit der Mitte des zwölften Jahrhunderts wirkten viele Weltverhältnisse und Begebenheiten, ihr Joch zu mildern; viele arbeiteten sich in den folgenden Jahrhunderten wieder zu einem leidlicheren und menschlicheren Zustande durch, doch hingen die meisten bis ins neunzehnte Jahrhundert, in dieses Jahrhundert, hinein noch von mancherlei Banden des Feudalwesens umstrickt. Die letzten Jahre haben diese Bande in den meisten Gegenden des Vaterlandes nicht eben sanft aufgelöst, sondern gewaltsam zerrissen: es giebt jetzt nicht viele teutsche Lande mehr, wo das Zehnwesen noch in seiner Fülle blüht.

Man sagt und man liest es in hundert Büchern, das wundersame und so schwer beschreibliche Ding, was man später Lehnwesen nannte, sey eine ganz natürliche Entwickelung gewesen aus den Keimen, die in der ältesten teutschen Verfassung lagen, wie sie uns von Tacitus beschrieben wird, nichts weiter als eine weitere Ausbildung des Gefolges (Comitatus), wo ein tapferer Fürst oder Edler sich durch seine Großthaten eine Menge kampflustiger Freien nachzog, welche Schirm, Ehre und Beute bei ihm suchten, und deren Enkel späterhin ganz natürlich seine Vasallen und Mannen wurden. So weit läßt es sich allerdings erklären, aber wie ein solches Verhältniß oder nur wie das Beispiel und Gleichbild eines solchen Verhältnisses in späteren Zeiten fast bis zur allgemeinen und schändlichsten Knechtschaft die Menschen, die weiland frei waren, herabdrücken und herabwürdigen konnte oder vielmehr durfte, das begreift man daraus wahrlich nicht. Und da man es nicht begreift, so hat man Recht, es nicht zu glauben, bis darüber bessere Beweise gegeben werden, als die sind, welche man gewöhnlich dafür anführt. Denn ein solcher Comitatus, wie der von Tacitus beschriebene, findet sich fast bei allen nicht sklavischen Völkern der Erde, wann sie ungefähr auf der Stufe der menschlichen und politischen Bildung stehen, worauf unsre Vorfahren im ersten christlichen Jahrhundert standen. Ich muß hingegen nach meiner geschichtlichen Ansicht durchaus behaupten, daß dieses Feudalwesen, welches in seinen Anfängen ein arges Unwesen und auch in den späteren Zeiten eben noch kein liebenswürdiges Wesen gewesen ist, sich aus der Mischung des Romanischen und Germanischen gebildet hat. Frankreich, Italien, Hispanien das sind die Länder, wo es groß gewiegt worden; von da ist es uns und anderen germanischen Völkern als ein Übel eingeimpft worden. Ich führe meinen Beweis.

Schweden und Norwegen sind ächte germanische Länder, die Schweden und Normänner sind ächte Germanen, wenn man die Bewohner der Thäler, welche wahrscheinlich Brüder der alten Skoten und Iren sind, und einige hie und da zerstreute Finnen ausnimmt, die aber in der Masse der beiden Völker einen gar unbedeutenden Theil ausmachen. Die Schweden und Normänner haben früher den germanischen Comitatus gehabt zu Land und zu Wasser; tapfere und freie Männer hatten sich den Befehlen tapferer Führer in allen Gefahren auf Noth und Tod untergestellt; große Tugend, Klugheit und Herrscherkraft haben die Menschen hier gezogen, wie sie dieselben in der ganzen Welt ziehen: so weit ist an den nordischen Fjäll und am Mälare und an der gothischen Elbe der Germane seinem Bruder an der Weser und am Rhein gleich gewesen. Aber Schweden und Norwegen hat bis diesen Tag keine Spur vom Lehnwesen gehabt. Diese Länder sind sehr lange in der ächten germanischen Art und Weise geblieben. Die Grundstücke waren unter alle freie Männer zu gleichem Recht vertheilt und von freien Männern bebaut. Leibeigene, sogenannte der Erdscholle Angewachsene oder Angefesselte, welche das Land bebaueten, hat es dort nie gegeben. Bauern, die auf Adels- oder Krongütern wohnten und in Geld oder in Erzeugnissen des Bodens oder in Diensten ihren Zins abtrugen, sind von jeher bis auf diesen Tag als freie Pächter angesehen, die, wenn sie den Vertrag aufgekündigt haben, ziehen können, wohin sie wollen. Freilich haben Schwedens Könige seit Magnus Scheunenschloß, der am Ausgange des dreizehnten Jahrhunderts lebte, eine Art Adel zu schaffen angefangen nach dem Muster des teutschen Adels, wovon seit jener Zeit viele als Söldner nach dem Norden kamen, und spätere Herrscher haben diesen Adel weiter ausgestämpelt, freilich haben sie den adlichen Hauptgütern und Herrensitzen auch gewisse Vorrechte und Steuerfreiheiten bewilligt; aber nie hat der schwedische Adel leibeigene Bauern oder abhängige Lehnbauern unter sich gehabt, und jene Vorrechte und Steuerfreiheiten, die er sich gegen Schwedens Gesetze unter schwachen Regierungen erschlichen hatte, hat er in den letzten fünfundvierzig Jahren fast alle durchstreichen lassen müssen. Ich kehre immer mit einer frohen Erinnerung nach dem Norden zurück, wenn ich über die künftigen Schicksale der Völker und über das Glück oder Unglück der Länder nachdenke, welche durch die verschiedenen Verhältnisse der Stände und Klassen zu einander und, wie mir däucht, recht sehr durch die gehörige Vertheilung des Grundes und Bodens bestimmt werden. Schweden und Norwegen gehören in dieser Hinsicht zu den glücklichsten Ländern Europa's, wo die uralten germanischen Bauern, die freien Männer, welche sich nicht schlechter hielten als die Edlen, und weil sie frei waren, Edle waren und blieben, noch in zahlreicher Menge in glücklicher und zufriedener Mittelmäßigkeit neben einander auf mäßigen Gütern wohnen und die menschlichen Tugenden in ihrer Einfalt und Ächtheit pflegen und erhalten. Wann weise Gesetze, damit Willkühr und alles verschlingende Habsucht nicht auch hier zu ihrer Zeit wüthen und zerstören, einmal befestigen, was Glück und Tugend des Volkes Jahrtausende erhalten haben, eine Vertheilung des Grundbesitzes in den meisten Landschaften, woran Moses und Lykurgus wenig zu bessern gefunden hätten, so können diese Länder den kommenden Zeiten getrost entgegen gehen.

Dänemark liegt Teutschland näher. Es hat wie Teutschland lange einen fast ganz unterdrückten Bauerstand und eine sklavische Leibeigenschaft gehabt. Dieses Unglück hatte es über den Sund getragen in die Landschaften, die es einst von Schweden abgerissen beherrschte: noch sind in Schonen Spuren genug, daß der Adel einst mehr Herr seyn durfte und der Bauer mehr Knecht seyn mußte, als dies je in Schweden der Fall war. Weil aber der Bauer in Schweden und Norwegen nie als ein von Natur zum Dienen geborner Mensch angesehen, sondern immer als ein freier Mann geehrt worden ist, so wundert sich in den Ländern niemand, wann eins Bauers Sohn Minister oder Statthalter oder Feldherr heißt; selbst in der Periode Schwedens, wo der Adel über die übrigen Stände die meiste Gewalt an sich gerissen hatte, von dem Jahre 1720 bis zum Jahr 1765, gab es Reichsräthe und Herrlichkeiten, deren Väter Bauern waren. Wie viele würden in Teutschland vor Erstaunen außer sich seyn und glauben, der jüngste Tag sey da, wann solches oft erlebt würde!

England ist mein zweiter großer Beweis. Es hielt sich in seiner eigenthümlichen teutschen oder sassischen Freiheit und Unabhängigkeit der kleinen Grundbesitzer und Bauern bis auf die zweite Hälfte des eilften Jahrhunderts, bis auf Wilhelm den Eroberer. Ich lege hierauf ein großes Gewicht. Gewöhnlich sagt man, mit der Entwickelung der Verfassung und der Verfeinerung des Lebens habe sich das Lehnwesen aus dem alten germanischen Gefolge ohne weiteres Zuthun wie von ihm selbst ausbilden müssen. Nun kann man nachweisen, daß Brittannien schon im siebenten, achten Jahrhundert in Hinsicht der Verfassung, der Sitten, der Religion und Gelehrsamkeit wenigstens so gebildet war als Frankreich und Teutschland im neunten und zehnten Jahrhundert, und doch findet sich damals dort noch nichts vom Lehnwesen, sondern wenige adliche Männer wohnten unter dem allgemeinen Gesetze (welches König Alfred im neunten Jahrhundert neu sammelte und ordnete) mit einer Menge kleiner und mittelmäßiger Freien zusammen, die auf ihren Ländereien so sehr Herren waren, wie jene auf den ihrigen: von einem Lehnbande, was später häufig ein Lehnstrick ward, ist in der englischen Geschichte vor Wilhelm von der Normandie auch keine Spur, sondern die freien Sassen und Angeln, die nach der Mitte des fünften Jahrhunderts in Brittannien eingedrungen waren, hatten das eroberte Land so vertheilt und bewohnten es unter denselben Verhältnissen, unter welchen sie weiland an den jenseitigen Küsten Germaniens und um die Ems, Weser und Elbe gewohnt hatten. Die Normannen, die aus einem Lande stammten, wo die größtmögliche persönliche Freiheit und Gleichheit herrschte, hatten in dem Lande, das sie an den Nordküsten Frankreichs eingenommen, bald die nordische Freiheit verloren und, durch das Beispiel der benachbarten Franken, ihrer Besiegten, verführt, die

Knechtschaft des Lehnwesens angenommen. Wilhelm der Normann, als er das große Unternehmen gegen England zurüstete, begriff leicht, daß es den Kräften seines Landes, die er aufbieten konnte, weit überlegen war. Er machte es, wie alle Eroberer, er lud eine Menge Waghälse und Abentheurer auf die Hoffnung der Beute und Länder ein, die er ihnen auf der schönen Insel zeigte, die so lockend vor ihren Augen lag; und Waghälse und Abentheurer strömten in Menge herbei und schwellten sein Heer, aus Frankreich, aus Flandern, aus Brabant und aus allen Nachbarlanden, zu welchen der Ruf des großen Zuges gelangen konnte. Wilhlem gewann im Jahre 1066 die Schlacht bei Hastings und behandelte England wie ein erobertes Land und die Engländer wie seine Sklaven. Er mußte denen, die ihn zu einem so mächtigen Könige gemacht hatten, sein Versprechen halten, und vertheilte Land und Leute unter sie. Diese Epoche ist der Anfang einer drückenden Lehnherrschaft in England. Das freigesinnte Volk verstand wohl sich in den folgenden Jahrhunderten von dem Druck des königlichen Despotismus zu befreien und auch den aristokratischen Druck der Herren und Ritter etwas zu lüften, aber jener herrliche Zustand der früheren Zeit, wo Dreiviertel aller Grundstücke in England mittelmäßigen Freien gehörten, jener Norwegen und Schweden gleiche Zustand, ist in England nie wiedergekehrt: der einmal zerstörte freie Bauerstand hat in der Folge seine Zahl und also seine alte Bedeutsamkeit und Wichtigkeit im Staate nie wieder erhalten. Die Reichen und der hohe Adel besitzen jetzt fast alle Grundstücke in England.

Man könnte hiebei auch an Schottland denken. Der Süden von Schottland bis an das Hochgebirg, so wie ein Theil der nördlichsten gegen Schottlands Gränze sich streckenden Landschaften Englands ist in den stürmischen Jahrhunderten, wo die nordischen Wikingar, die auch wohl Seeräuber genannt werden, ihre Züge gegen Westen und Süden machten, nach und nach von Normännern (Männern aus Schweden, Norwegen und Dänemark) besetzt und bevölkert worden. Das wissen wir aus der Geschichte, und wenn wir es nicht aus der Geschichte wüßten, so sind davon bis auf den heutigen Tag noch Spuren und Denkmäler genug in Grabhügeln, Sagen, Sitten, Art und Sprache der Einwohner, und das sprechendste und unzerstörbarste Zeugniß und Denkmal dafür finden wir in der Dichtkunst dieser Gegenden, in den Romanzen und Balladen des Mittelalters, worin ein von dem südbrittannischen ganz verschiedener hochnordischer Geist wehet. Diese Gegend ward, wie die Normandie von Frankreich, von dem nahen England zur Verähnlichung in Sprache, Sitten und Einrichtungen hingezogen: es entstand hier auch durch die Nachbarschaft und das Beispiel und die Stammverwandtschaft fast ganz dasselbe Lehnwesen, das die französischen Normannen nach England gebracht hatte. In Nordschottland, dessen Bewohner wahrscheinlichst meistens gallischen Stammes sind, bestand ein patriarchalisches, oberherrliches Wesen der Abhängigkeit, das nicht wie das Lehnwesen durch bestimmte Formen und Gesetze, sondern durch Herkommen und Sitte getragen ward: bei wildem Karakter des Oberherrn vielleicht der Freiheit nah, bei hartem Karakter desselben wenig von Knechtschaft verschieden; nur daß der rauhe und strenge Himmel der die Leiber stählt, die Unterworfenen nicht so elendig und nichtswürdig werden ließ wie jeder Sklav in wärmeren Ländern nothwendig werden muß. Wir werden weiter unten dieses Verhältnis noch berühren.

Uns däucht es also die höchste und selbst durch die Geschichte nachgewiesene Wahrscheinlichkeit, daß das Lehnwesen aus den Resten alter Knechtschaft hervorgegangen ist, welche die Franken, Lombarden, Sveven und Westgothen in den romanisirten Ländern Europa's fanden, welche sie bei dem Falle des römischen Reichs einnahmen, und in welchen sie neue Staaten stifteten. Und nun wollen wir noch etwas aussprechen, was ganz in das Gebiet dieser unserer politischen Fragen und Untersuchungen gehört: die Römer haben in jenem Lande nicht bloß die Knechtschaft gebracht, sondern sie dort schon gefunden. Bei den Galliern wenigstens war eine traurige und drückende Lehnknechtschaft, als sie von den Römern bezwungen wurden; es gab bei ihnen damals nur Fürsten und Adel und Halbfreie und Sklaven: volle Freie, ein starker und unbezwinglicher Kern des Volkes waren nicht mehr da. Auch in Spanien scheint etwas Ähnliches gewesen zu seyn, als nach dem zweiten punischen Kriege die Römer diejenigen zu Sklaven zu machen anfingen, welche sie vorher Bundesgenossen genannt hatten. Fürsten, Adel und Volk waren durch eine Art trauriges Lehnwesen zerspaltet und konnten keine gemeinsame Kraft bilden. Es fehlte jenen Ländern der Kern eines freien Mittelstandes, ohne welchen kein Land wirkliche Stärke hat; darum wurden sie soo leicht die Beute der Römer. Sie waren damals ungefähr in dem Zustande, worin die Franzosen und Teutschen im neunten und zehnten Jahrhundert waren, als sie von Sklaven, Avaren, Normännern und Magyaren geplündert wurden: ihre Mannskraft, ihre große Wehrmannschaft war zerstört oder zerstückelt. Da mußten die Enkel der Männer, die 80,000, ja 100,000 Mann der kriegsgeübtesten Römerheere aus dem Felde geschlagen hatten, sich von 15,000 und 20,000 Normännern, ihren Stammesgenossen, ungestraft plündern lassen, weil diese noch das waren, was ihre Ahnherren weiland, freie und auf ihre Freiheit stolze und zuversichtliche Männer. Wir hören, wie Cäsar dies gallische Verhältniß zwischen dem Adel und den sogenannten Freien beschreibt, und wir müßten blind sein, wenn wir darin nicht den Zustand erblicken wollten, wie er sich im sechsten, siebenten Jahrhundert in Frankreich und im achten, neunten Jahrhundert in Teutschland von der alten Freiheit zur Lehnabhängigkeit entwickelt hat. So heißt es bei ihm im 6. Buche Kap. 13 und 15:

„In ganz Gallien sind zwei Menschenklassen, welche einiges Ansehen und Ehre genießen, nämlich die Druiden und die Ritter (Priester und Adel *.

* Grade so bei uns im Anfange unseres Mittelalters. Seit dem eilften Jahrhunderte erhoben sich die Städte und machten das Volk und unsere Geschichte wieder groß und frei. Allmählig ward auch

Denn das Volk (plebs *)wird fast wie Sklaven geachtet; es unternimmt durch sich nichts und wird zu keiner Versammlung gezogen. Sehr viele, wann sie von Schulden oder von der Größe der Auflagen oder von dem Übermuth der Mächtigen bedrängt werden, geben sich den Adlichen in die Knechtschaft; gegen sie stehen ihnen alle dieselben Rechte zu, welche den Herren gegen die Sklaven. – Die Ritter, wann Aufforderung dazu und irgend ein Krieg einfällt (was vor Cäsars Ankunft fast alljährlich zu geschehen pflegte, daß sie einander in Angriffs- und Vertheidigungskriegen befehdeten) tummeln sich alle im Kriege. Und wie jeglicher durch Geschlecht und Reichthum der Stattlichste ist, hat er die meisten Ambakten † und Schützlinge (Vasallen) um sich."

---

das Joch der Bauern hie und da mehr gelüftet. Und dann –

* Niebuhr in seiner römischen Geschichte hat zuerst gezeigt, was man unter plebs verstehen müsse, grade den achtbarsten, tapfersten, gehorsamsten und trefflichsten Theil des römischen Volks; er hat den Nebenbegriff von P ö b e l auf immer von dem Worte Plebs abgewischt.

† Ein Wort, wodurch eine gewisse Dienstbarkeit und Abhängigkeit bezeichnet wird: eine Art Lehnmann und Diener. Unser Wort A m t gehört gewiß dahin; wer ein Amt hat, ist ein Diener, ein Minister, wie man es im Mittelalter nannte; daher wurden alle Ministri, Ministeriales, wenn sie auch Freigeborne waren, von dem Volke als Unfreie angesehen.

In diesen Wenigen Worten liest man die Geschichte der Art und der Entstehung der Lehnabhängigkeit, man liest, durch welche Umstände freie Männer mehr oder weniger Knechte werden. Das kann man bestimmt sagen, hätte Germanien im ersten Jahrhundert nach unsers Erlösers Geburt eine Verfassung gehabt, wie es sie später im neunten und zehnten hatte, Männer wie Drusus und Germanikus und Tiberius würden es leicht von dem Rhein und der Donau bis an die Ostsee und jenseits der Karpathen besiegt haben, wir würden eine andere europäische Geschichte haben.

Das fällt einem bei diesem Hinundherschweifen auf dem unendlichen und unergründlichen Meere der Völker und Jahrhunderte und ihrer Begebenheiten und Schicksale gleichsam von selbst in die Hände, daß von allen germanischen Völkerstämmen die Sassen und die den Sassen verwandtesten am festesten und hartnäckigsten an der Freiheit gehalten und diese Freiheit in verständigen und weisen Einrichtungen entwickelt und ausgebaut haben. Ich nenne nur die Kriege gegen Augustus und Tiberius im Anfange unserer Zeitrechnung, welche größtentheils von den Völkern geführt wurden, die sich später Sassen nannten; ich nenne nur solche, die durch wirkliche Abstammung und durch die Sprachähnlichkeit sich als ihre Blutsfreunde beurkunden: die Niederländer, die Friesen, die Engländer, die Schweden, die Norweger, die Ditmarsen, die Siebenbürger – ja selbst, wo dieser Sprachzweig am meisten hineinläuft, die Menschen im Elsaß, in Oberschwaben, in den Schweizerbergen haben sich in unserer Geschichte von jeher durch Streben nach Freiheit und Gesetzlichkeit ausgezeichnet. Ich bemerke bei dieser einfachen Angabe jedoch, daß ich hier ununtersucht lassen will, wie weit Landesbeschaffenheit, Örtlichkeit und Himmelstrich zur Hervorbringung dieser merkwürdigen Erscheinung bei diesem Stamme und seinen verwandten Stämmen mitgewirkt haben können. – Auch das muß ich schließlich noch andeuten, daß sich in wenigen Landschaften des Vaterlandes so viele und große Bauernschaften erhalten haben als in dem rechten Kern des Sassenlandes, in Westfalen, welche zugleich in ihrer Bauart und ihrem Wesen uns oft jenes älteste Bild vorzustellen scheinen, was Tacitus vor siebenzehenhundert Jahren von unsern Vorfahren aufgestellt hat.

Wir sind auf einem Gebiete, das für den engen Umfang unserer Untersuchung fast zu weit ist, auf mancherlei Nebenwegen und Fußpfaden hin und her geirrt, ehe wir zu der breiten, großen Straße, wohin wir eigentlich wollten, gelangten. Jetzt sind wir darauf, und nun können wir kurz und grade darauf fortgehen. Man kann ja von den verschiedensten Seiten Pfeile abschießen, die endlich alle in Einem Ziele zusammentreffen.

Ich weiß, es werden nicht fehlen, die mit einer gewissen Erbitterung sagen werden, ich sey ein Feind des Lehnwesens und des Adels überhaupt und habe es durch diese Darstellung von neuem bewiesen. Ich muß mir das gefallen lassen, denn ja auch Andre müssen sich viel gefallen lassen, von einem Menschen, der seine Gedanken drucken läßt. Da müssen wir mit einander gegenseitige Geduld haben. Ich will denn klar bekennen, daß mir das

Lehnwesen kein ganz erfreulicher Zustand der Menschheit scheint, daß ich mir viel bessere Zustände der bürgerlichen Gesellschaft denken kann, daß ich selbst bei unsern Stammverwandten, den Schweden und Normännern, in Epochen der Entwickelung, die den unsrigen ähnlich waren, mit Freuden diesen Zustand nicht gefunden habe. Aber persönliche Erbitterung spricht hierin gar nicht, sondern blos das natürliche Menschengefühl, daß ein Zustand, der durch Gesetze vertheidigt wird, glücklicher ist, als derjenige, den fremde Willkühr verschlimmern oder verbessern darf. Wie könnte ich auch ergrimmen über etwas, was sich in der Geschichte der meisten Völker findet, vorzüglich in den Zeiten, wo die politische Gesellschaft und die verschiedenen Klassen des Volkes zwischen alter Rohheit und neuer Bildung und Entwickelung hin und her schwanken, so daß viele sich dabei zu Tode geschwanket haben, ohne daß sie je nur eine politische Stärke oder einen geschichtlichen Namen erlangt haben? Aber wie sollte ich loben, was tausend Mißbräuche und Frevel in sich getragen hat und in sich trägt und was für eine Zeit, worin jeder von dem Gesetze sein billiges und gleiches Recht verlangt, nicht mehr paßt? Wir dürfen nie behaupten, daß dieses wundersame Staatsverhältniß an sich je ein gutes und gerechtes Verhältniß gewesen sey – die Geschichte stellt gegen diese Behauptung zu viele Zeugen auf – wir können nur sagen, daß es bei gutmüthigen und rechtlichen Völkern, wie z. B. die Teutschen sind, nie die Hülflosigkeit und Rechtlosigkeit der Abhängigen und Unterdrückten so schreiend gezeigt hat, als bei manchen andern; und doch oft schreiend genug.

Wenn ich mich so erkläre gegen einen Zustand, der zur Zeit seiner Entstehung vielleicht unvermeidlich und nothwendig war, der alle Klassen und alle Stände des Volkes, die Hohen wie die Niedrigen, umfaßte und band, der aber am meisten auf die Untersten drückte und sie in den meisten Ländern bis zu leibeigenen und hörigen Knechten erniedrigte, so will ich ehrlich gestehen, daß mir das neue und neueste Wesen auch nicht gefällt, wo man nicht allein die Personen frei läßt und von ungebührlichen Zwangen und Banden löset – was recht ist – sondern wo man Land und Häuser und Güter und Gewerbe, gleichsam als wäre die ganze Welt ein liederliches Spielhaus, dem Würfelspiele des Zufalls preisgiebt; was dumm ist. Dieses neue Wesen, weil die Franzosen mit ihrer großen Umwälzung die Anfänger und fast die Urheber derselben sind, könnte man das französische Wesen oder Unwesen nennen. Es däucht mir ein Unwesen, und ich will also das Wort Wesen in Unwesen umtaufen, weil es durch die Leichtigkeit des Wechsels der Besitze den größten irdischen Schwerpunkt im Staate aufhebt, der ihm als Ballast so nothwendig ist, damit er in Gefahren nicht von jedem kleinsten Winde umgeworfen werde, und weil es eben durch diese ewigen Wechsel den Menschen nichts Festes und Bleibendes zeigt, ihre Liebe und Treue an nichts Festes bindet, und sie selbst auf diese Weise leichtfertig und vagabundisch macht. Also daß uns diese neue Freiheit, wie sie einigen scheint, nicht eben besser gefällt, als die alte Gebundenheit.

Wir hören einmal, wie Einige, welchen das Alte gefällt, das Neue, was wir eben mit dem Namen das französische Neue getauft haben, tadeln und das Alte loben. Sie sagen:

Gott selbst, der Weise und Fromme, trägt die Natur nur durch ein Gesetz der Abhängigkeit; die höchsten Zwecke derselben werden nur dadurch erreicht, daß Eines dem Andern untergestellt ist: nur durch Dienst wird das All erhalten, der Gehorsam ist die höchste Idee der Freiheit, d. h. der Gottähnlichkeit und der Gottgefälligkeit. Dieses Gesetz der ganzen Natur geht auch auf die menschliche Gesellschaft über; denn der Mensch ist gleichsam der geistige Abdruck, das geistige Bild der Natur, er stellt in sich alle Triebe, Neigungen, Verschiedenheiten, Ähnlichkeiten und Ordnungen derselben mit Bewußtseyn dar: er macht das große und allgemeine Naturgesetz gleichsam zu einem sich selbst erkennenden und wissenden Gesetze. Daher die verschiedenen Ordnungen der Gesellschaft und daher das der naturgemäßeste, sittlichste und vollkommenste Staat, wo die verschiedenen Stände desselben nicht neben einander, sondern unter einander gestellt sind. Das Lehnverhältniß war ein solches von der Natur selbst gegebenes und gebotenes Verhältniß, es war ursprünglich nicht ein Verhältniß der Abhängigkeit, sondern des Schutzes. Auf dem Lande, wo dieses Verhältniß am meisten gefühlt wird, wohnen, wie auch in den Städten, zwei Arten Menschen: Reiche und Arme, Vornehme und Geringe, Gebildete und Ungebildete, Adel und Bauern – die einen zum Befehlen und Rathen, die andern zum Dienen und Gehorchen bequem.

Schon ihr Zustand bildet von selbst, man mögte sagen von Natur, ein wechselseitiges Verhältniß der Herrschaft und Abhängigkeit. Der Reichere, Vornehmere, Gebildetere ist der geborne Helfer, Schützer und Rather des Ärmeren, Geringeren, Ungebildeteren. Aus Dankbarkeit leistet dieser ihm Dienst für Dienst, gesteht ihm freiwillig gewisse Leistungen, Abgaben und Huldigungen zu, kurz er erkennt seine Abhängigkeit als ein Glück und eine Wohlthat. Daß seine Person an einem gewissen festen Ort gebunden ist, macht ihn still und sittlich, und beschränkt Wünsche und Begierden, die ihn, einen ungebildeten und ungeschickten Menschen, nur wüst und unglücklich machen würden; daß er auf der einen Seite seine Kräfte nicht wie ihm gefällt für sich gebrauchen und sie als Bürger für sich nicht immer die größtmöglichen Zinsen tragen lassen kann, daß ein Theil seiner Kräfte und seines Vermögens sogar von dem Schirmherren abhängt, der den freiesten Gebrauch derselben einschränken darf, hält ihn auf der andern Seite von vielen thörigten Unternehmungen ab, wobei sein Wohlstand und seine Sittlichkeit gleich große Gefahr laufen würden. Und laß diesen Zwang der Abhängigkeit zuweilen sogar drückend seyn, in wie vielen Fällen ist er des beschränkten Mannes Glück! Er hat einen politischen Halt und Schirm, er hat in Noth und Verlegenheit einen treuen und zuverlässigeren Hort, den lange und liebe Gewohnheit durch viele Geschlechter mit ihm und seinem Schicksale verbindet und dessen eigener Vortheil ihn auffordert seinen Mann nicht verderben zu lassen. So ist dies auf der einen Seite freilich ein herrisches und oberherrisches, auf der andern Seite aber mehr ein patriarchalisches und verwandtschaftliches Verhältniß. Sie fühlen in so vielen Fällen und durch so viele Erinnerungen und innige Verflechtungen, die sie verbinden, durch gemeinschaftliche Nöthen, die ihre Vorfahren bestanden, durch gegenseitige Dienste und Wohlthaten, die sie einander gethan, häufig etwas, was weit über das Gefühl des Herrn und des Knechts hinaus liegt, sie fühlen etwas Menschlicheres und Höheres, das man gleichsam eine edlere Blutsfreundschaft nennen mögte. Und wenn gleich einige Lehnherren und Schirmherren gegen ihre Unterworfenen und Hörigen hie und da härter und strenger als recht gewesen sind und das natürlichste und freundlichste Verhältniß in ein unmenschliches und despotisches verwandelt haben, so soll man einzelne Frevel und Gräuel, welche von der menschlichen Gebrechlichkeit überhaupt unzertrennlich sind, nicht als eine nothwendige Folge des Lehnverhältnisses hinstellen. Kurz dieses Verhältniß hat für die Sitten und den Wohlstand der niedrigeren Klassen und für die Ruhe und das Wohlseyn des Staates die wohlthätigsten Folgen gehabt. Nun aber die beliebte und belobte französische Freilassung?

Es klingt so lustig das Wort für den kleinen Besitzer und den Bauer: Juchhe! nun sind wir des Edelmanns Gleiche! keine Leistungen, keine Frohnen, keine Zehenden mehr, jeder in seine ursprünglichen Menschenrechte eingesetzt, alle künftig mit Einem Maaße gemessen und über Einem Kamm geschoren – wie sollte eine so schmeichelhafte Lehre der leicht bethörlichen und verblendlichen Menge nicht gefallen, welcher Advokaten und Schwindelköpfe so leicht einbilden können, jede noch so billige Abhängigkeit sey eine Unterdrückung und jedes wohlbegründete Recht auf sie eine hinterlistige Beschleichung und Übervortheilung? Und was erfolgt bei der völligen Freilassung der Personen und Befreiung der Güter? Wir wollen nicht leugnen, daß einige diese zur Verbesserung ihres Wohlstandes zu gebrauchen verstehen; aber die Menge geht offenbar an Sitten und Wohlstand zurück, so sehr der äußere Schein auch oft das Gegentheil zu sagen scheint. Wir haben es ja gesehen an mehr als einem Orte, wo alle höhere Aufsicht über diese Menschen, alle Einschränkung ihrer sogenannten Freiheit von ihnen genommen ist, wohin es getrieben hat. Freilich mehr Thätigkeit und Gerührigkeit hat sich bald gezeigt, auch wohl mehr Gewandtheit und Geschicklichkeit hin und wieder entwickelt; aber wo ist der stille und fromme teutsche Bauersinn geblieben? und endlich auch wo ist der alte Wohlstand geblieben? die alte unstörbare Sicherheit des Besitzes? Denn hat das unruhig und gescheidt gemachte Geschlecht durch größere Gerührigkeit und Umsicht auch in manchen Gegenden gegen das Frühere das Doppelte hervorbringen und gewinnen gelernt, so hat es noch häufiger das Dreifache verthun gelernt, und der gepriesene erhöhete Wohlstand, der aus dem neuen glücklicheren Zustande hervorgegangen seyn soll, ist nur ein baarer blanker Schein und nichts weiter. Denn sehr wenige aus dieser unteren Klasse der Gesellschaft sind so mäßig oder gescheidt, daß sie ihr Glück selbst zu verwalten und zu erhalten verstehen. Das schon ist sehr schlimm für die Sitten und für den Karakter des Landmanns, daß die Güter nun ungehindert von einer Hand in die andere gehen können; schlimmer ist das, daß kein Nachseher oder Schirmer da ist. Juden und Judengenossen machen Anleihen darauf und setzen sich in den ganzen oder halben Besitz; stirbt selbst ein Besitzer im Wohlstande und hinterläßt mehrere Kinder, so theilen sich diese in das Gütchen oder die Hufe, oder sie bleiben auch in Gesammtwirthschaft darauf sitzen und wirthschaften sich auf einem Grundstücke an den Bettelstab, auf welchem vor zehen und zwanzig Jahren ein durch Lehneinschränkungen gebundener Hufner in sicherer Mittelmäßigkeit lebte. So verschwindet endlich ganz die alte Einfalt, Frömmigkeit, Treue und Ruhe des teutschen Bauers; er wird klug, schlau, thätig, auf geschwinden Gewinn grübelnd und diesen Gewinn geschwind wieder verthuend, bei der Wandelbarkeit des Besitzes an keinem festen Ort, an keine feste Gewohnheiten und Sitten geknüpft, endlich ein Mensch ohne Heimath, unstät an Trieben, unstät an Karakter, leichtfertig und vagabundisch. Das ist euer neuer teutscher Bauer, euer französischer Bauer. Das Einzige, was bei dieser ganzen vornehmen Bauerfreiheit, bei der Wandelbarkeit der Güter und bei ihrer Zertheilung und Zerstückelung herauskömmt, ist vielleicht, daß mehr Menschen gezeugt werden, eine Plusmacherei, welcher verständige Staatsverwalter lange die gebührliche Schätzung gegeben haben. Wer einen Staat nicht gleich einem Taubenschlag oder einem Hühnerstall schätzt, weiß, daß wenige gute und wohlhabende Menschen ihm mehr werth sind als viele schlechte und bettelische. Ein ordentlicher Staatsrechner sollte bei der Volkszählung die Bettler nicht nur von der ganzen Summe der Volksmenge abziehen, sondern auf jeden Bettler noch ein Drittel Seele Deficit rechnen; so daß, wenn ein Staat z. B. eine halbe Million Bettler hätte, diese 500,000 Seelen nicht nur nicht mitgezählt, sondern außer ihnen noch 166,666⅔ Seelen abgezogen werden müßten: welches von dem Ganzen einen Abzug von 666,666⅔ Seelen geben würde. Die Bettlerzahl selbst würde sich ergeben durch Zusammenrechnung der Bettlerbrüche zu ganzen Zahlen oder zu vollen Bettlerseelen, und man würde bei dieser feinen Staatsrechnung die Bettlerwürde nach Sechszehntel-, Achtel-, Viertel-, Drittelbettlern bestimmen, so daß der Mensch, der ein Viertel weniger hervorbringt, als er verzehrt, ein Viertelbettler, der aber die Hälfte weniger, ein halber Bettler genannt werden würde. In Staaten, wo ungeheure und unmäßige Reichthümer Einzelner und die Zerstörung der kleinen Grundbesitzer die Menge des Pöbels und der Bettler auf eine erschreckende Weise vermehren, wie z. B. in Großbrittanien, wird bei einer Bettlertaxe, die Summen * beträgt, wovon ein ganzes Reich getragen werden könnte, wohl so gerechnet werden müssen. Darum soll jeder Staat bei allem, was er thut wohl zusehen. Nichts ist leichter als ein Volk von Bettlern und Vagabunden machen; aber nichts ist schwerer, als diese wieder in ordent-

* 6 bis 7 Millionen Pfund, oder ungefähr 40 Millionen Reichsthaler.

liche und fleißige Menschen verwandeln. Wir könnten uns durch unweise Einrichtungen wohl mit Bettlern überladen gleich den Britten, aber sie zu füttern mögte uns nicht so leicht werden als ihnen; und todtschlagen dürfen wir sie nun einmal doch nicht.

Auf diese Gründe, die nicht ganz ohne Grund sind, und auf diese Darstellungen, die theils ihre gute Wahrheit und auch theils ihren guten Schein haben, und die man ungefähr auf diese oder doch auch ähnliche Weise in Gesprächen umtragen hört oder in gedruckten Büchern liest, muß ich Einiges zur Antwort sagen, indem ich mich zuerst gegen den Lobredner des Lehnwesens überhaupt äußere, dann zweitens mich über die sogenannte neue oder französische Bauernfreiheit erkläre. So zwischen zwei entgegengesetzten einander feindseligen Punkten gestellt mögte man vielleicht am ersten eine Mitte finden, die von der Wahrheit nicht zu fern liegt.

Natürlich ja der natürlichste soll der Zustand und das Verhältniß der Lehnabhängigkeit seyn, allen Frieden, alle Sitte, allen Wohlstand, alle Treue und Rechtlichkeit in sich enthaltend; wie der Weise zu dem Unweisen, wie der Starke zu dem Schwachen, wie der Mündige zu dem Unmündigen, wie der Vater zu dem Kinde – so in Rath, That, Fürsorge, Liebe und Freundlichkeit steht der Schirmherr zu dem Vasallen. Es ist das natürlichste, menschlichste und patriarchalischeste Verhältniß, dessen Zwang und Schranke für den Gezwungenen und Beschränkten nur wohlthätig ist. Also stellt man es uns auf.

Wenn das Verhältniß immer ein solches wäre und seyn könnte, so würden wir es allerdings für das größte Unglück der Gesellschaft halten müssen, wenn es jemals aufgehoben würde. Aber man kann gegen diese Schilderung ein Gegenbild halten, wo sie etwas anders ausfallen muß. Wir wollen zur Ehre der menschlichen Natur glauben, ja wir wissen es zur Ehre der menschlichen Natur, daß es Lehnherren und Schirmherren, ja Leibherren (Herren von Leibeigenen) gegeben hat, welche wahre Väter ihrer unterworfenen und hörigen Leute gewesen sind: tapfere, fromme, gerechte und freundliche Patriarchen, welche, die unter ihrem Schirm standen, wie eine Familie Gottes verwalteten und gebrauchten. Aber wenn wir die Geschichte und Erfahrung fragen, so werden uns der Frevel und Gräuel, welche die Willkühr sich gegen die hörigen und leibeigenen Leute erlaubt hat, leider zu viele erzählt: Frevel und Gräuel der Gewalt, der Habsucht, der Wollust und Grausamkeit, daß uns schaudern würde, wenn ich sie hier aufzählen sollte. Die Urkunden und Kroniken des Mittelalters wimmeln davon, und selbst in jüngeren Zeiten fehlt es davon an Belegen nicht. Freilich war das Lehnverhältniß in seinen Arten und Stufen das mannigfaltigste und verschiedenste; von der drückendsten Leibeigenschaft bis zur leidlichen Zinspflichtigkeit und Hörigkeit war ein unendlicher Weg; aber wir wissen aus uns selbst und aus dem täglichen Gefühle unserer sündlichen Natur, daß die Herrschsucht der süßeste Trieb ist, daß die meisten von uns die Willkühr schlimm gebrauchen, wo sie die Gewalt des Gesetzes nicht zurückhält; und wir wissen auch, daß alle dunkle und unbestimmte Verhältnisse von der Willkühr gemißbraucht werden.

Der Mensch, wenn Leidenschaften und Habsuchten * ihn nicht aus der Ruhe der Besonnenheit herausreißen, wenn er still und heiter ist, strahlt er in seinen Gedanken und Gefühlen immer noch den Spiegel der Freundlichkeit, Frömmigkeit und Gerechtigkeit von sich: es ist ihm so natürlich an das Gute und Gerechte zu glauben, auch wenn er selbst nicht immer gut und gerecht ist. Daher glauben wir so gern mit einer menschlichen Täuschung, der Mensch und die Erde waren nicht bloß in jener frühesten Zeit, sondern auch zu den Zeiten unserer Urgroßväter und Großväter viel glücklicher und besser als jetzt. Wenn wir jetzt auch sehen, wie wilde Leidenschaften und Gelüste das Recht durchbrechen und das Glück zerstören, so nehmen wir so gern an, daß es vor fünfzig und hundertfünfzig Jahren so ganz anders war, daß die Menschen einfältiger und frommer und bei wenigeren Bedürfnissen und schwächeren Reizen zum Bösen und Ungerechten, als jetzt da sind, freundlicher und barmherziger waren. O der schöne Glaube! aber leider ist es wahr: von hundert Menschen, welche Willkühr haben, werden fünfundneunzig sie immer missbrauchen. So ist es schon zu den Zeiten unserer Väter gewesen, was wir aus Geschichten und Gesetzen

---

* So nennt der Grieche alle gewaltigen Triebe des Menschen, wodurch er seine Nächsten an Seele, Leib, Ehre und Vermögen zu übervortheilen strebt: Geiz, Wollust, Herrschsucht, Tyrannei.

aus jenen vergangenen Jahrhunderten darthun können. Freilich ist das Verhältniß unbestimmter Herrschaft und Dienstbarkeit schlimmer geworden in dem Maaße, wie mit der wachsenden Entwickelung der Gesellschaft auch die Bedürfnisse der Menschen vermehrt und die Leidenschaften derselben mehr gereizt und gestachelt sind. – Ich habe früher oft reizende Schilderungen gelesen von dem Verhältnisse der schottischen Schirmherrn und ihres Gebietes; sie sind mir die rechte Patriarchen erschienen und ihre Untergebenen wie eben so viele Kinder und Kindeskinder, die gern unter dem freundlichen Vater und Großvater standen. Der Laird ist der Herr, der Richter, der Beschützer und Vater des Clans, er ist das Haupt einer großen Familie, deren Kleinster und Ärmster doch sein Kind ist und nie von ihm gemißhandelt, verstoßen und verlassen werden kann, denn er führt ja seinen Namen, und niemand entehrt doch gern sein Geschlecht. Wenn der geborne Herr, wie die Vertheidiger des Lehnwesens uns sagen, seine Unterthanen lieben lernt durch eine Verbindung, welche schon vor langen Zeiten zwischen den beiderseitigen Vorfahren bestand, wenn diese Gewohnheit dieser Verbindung endlich eine Art Verwandtschaft und Rücksichten dieser Verwandtschaft erzeugt, so muß er, dessen Namen seine Leute und Mannen führen, mit ihnen in ein wahrhaft väterliches Verhältniß kommen: es muß das Gefühl einer Blutsfreundschaft entstehen, wo der eine sich als Vater und die andern sich als Kinder fühlen. So meinen wir gern, weil wir von Natur, Gerechtigkeit und Tugend lieben. Aber anders ist die Wirklichkeit. Die schottischen

Lairds waren vor ein paar Jahrhunderten in roherer und genügsamerer Einfalt der Sitten vielleicht freundlichere und mildere Herren, als ihre jetzigen Urenkel. Jetzt muß man die Berichte der Reisenden hören, die in den letzten Jahrdreißigen Nordschottland und die westlichen und nordlichen Inseln besucht und sich um das Schicksal ihrer Bewohner gekümmert haben. Die Herren bringen in London, in den Bädern, bei den Wettrennen, in den schönen Ländern jenseits des Meers ihre Zeit und ihr Vermögen in Üppigkeit durch und Rentmeister und Verwalter sind die herzlosen Stellvertreter *des Patriarchen des Clans*; jedes Jahrzehend bringt neue Plackereien und erhöheten Pachtzins der Ländereien, die alle des Lairds Eigenthum sind, und dem Druck und der zu bitteren Armuth zu entfliehen, seglen jährlich einige Tausende in einen anderen Welttheil, wo sie wenigstens das zu finden hoffen, was in ihrem Vaterlande für sie und ihre Kinder nicht mehr zu gewinnen ist: daß sie sich für ihre Arbeit satt machen können.

So bist du, o Mensch, und so bin ich Mensch, so sind die meisten unsers Geschlechts, daß es im Staate mislich um uns steht, wenn das mit Beilen und Ruthen bewaffnete und um das Scepter des Herrschers geflochtene Gesetz, das ungeschriebene Gesetz in unserer Brust, das uns von selbst alle Pflichten der Menschlichkeit zu üben befiehlt, nicht ergänzt und verstärkt. Ich habe eben gesagt, daß es was Schönes und Herzerhebendes ist um den poetischen Glauben, der immer unwillkührlich aus unserm Innersten hervorbringt, als sey in den Zeiten vor uns alles glücklicher, besser und gerechter gewesen. Außer diesem poetischen Glauben, der in der Brust des Königs wie des Taglöhners wohnt und ein mattes Bild des hellen Urbildes der Gottheit ist, das der Mensch verloren hat, giebt es einen andern poetischen Glauben, den poetischen Glauben der Poeten selbst: den Glauben der Dichter, der uns eben so heilig ist als jener erste.

Wir haben das hohe und heilige Bild einer europäischen Ritterschaft, von welcher uns das Mittelalter so schöne Muster zeigt. Die Dichter, deren Leben in der Vergangenheit und in der Zukunft ist und die sich die Gegenwart, selbst wenn sie schlecht und armselig ist, gern mit einem verhüllenden ja mit einem verschönenden Schleier bedecken, haben Recht, wenn sie die edelsten und hehresten Gestalten der Vorzeit vor die Augen der Mitwelt und Nachwelt stellen, ja sie würden eine Sünde begehen, wenn sie anders thäten. Des Erbärmlichen, Schlechten und Gemeinen ist schon zu viel, und dabei soll der Sänger und Geschichtschreiber nur mit kurzer Erwähnung und kürzerem Tadel verweilen; die ungewöhnlichen Thaten, die seltenen Tugenden, die großen und gottähnlichen Seelen – die gehören ihnen an und von diesen nur sollen ihre Stimmen und Saiten klingen für die künftigen Zeiten. Was Wunder nun, wenn die Dichter uns einen rechten frommen, tapfern, milden und christlichen Ritter mahlen, wenn sie ihn uns auch seinem Verhältnisse mit seinen Leuten und Hörigen als einen über das Gewöhnliche und Gemeine weit hinausschreitenden, mit christlichem Ernst und christlicher Liebe als umfassenden und haltenden Mann zeigen – was Wunder, wenn wir uns daraus ein noch reizenderes Ideal im Hintergrunde unsers Herzens bilden und meinen, es könne für das Glück und den Frieden der Gesellschaft und für die Sittlichkeit und das Glück des kleinen Volkes unmöglich eine trefflichere Einrichtung geben, als diejenige, welche die Bauern und die kleineren auf dem Lande wohnenden und gewerbenden Menschen unter eine solche beschützende und bewahrende Schirmherrschaft und Obhut stellte? Daß wir uns ein so herrliches und reines Bild jener Vergangenheit, wo die Ritter ohne Furcht und Tadel lebten, entwerfen können, ist schön; auch das ist verzeihlich, daß viele die gedichtete Herrlichkeit ihn allen ihren Theilen sich zu einer geschichtlichen Herrlichtkeit machen und stets überzeugt sind, es sey das Lehnverhältniß im Mittelalter wirklich ein so hoch menschliches und ritterliches Verhältniß gewesen; aber die Dritten, welche trocken den Beweis führen wollen, es sey wenigstens diesem Bilde ein ähnliches, es sey beinahe ein solches Verhältniß gewesen, müssen wir, weil sie sich den Schein geben aus der Geschichte zu sprechen, mit der Geschichte selbst widerlegen. Es hat solche Ritter gegeben wie die hohen Bilder, welche die Dichter uns aufstellen, und ich bekenne, es giebt noch solche, aber sie sind immer selten gewesen und sie sind auch heute noch sehr ungewöhnliche Vögel. Ich habe den Menschen in den verschiedenen Ländern und in den verschiedenen Ordnungen und Klassen der Gesellschaft genug gesehen, ich habe nirgends Vollkommenes gesehen; aber immer waren sie glücklicher, wo sie von einem auch strengen Gesetze, als wo sie von auch weicher Willkühr abhiengen. Frevel der Abhängigkeit und

Dienstbarkeit habe ich mehr gesehen als Wohlthaten derselben, obgleich mir auch einzelne solche Schirmherren und Lehnherren begegnet sind, welchen ich ohne alles Gesetz die Leiber und Seelen von Hunderttausenden ganz hörig übergeben würde, mit der festen Zuversicht, sie würden unter solcher Pflege und Hut nur glücklicher und besser werden. Ich nenne dich hier ehrwürdiger Greis, General von Dyke auf Rügen, Priester, Vater, Patriarch der Deinigen, ohne daß ich weiß, ob diese Worte je zu dir kommen werden; ich nenne dich (trefflichsten aller schwedischen Bürger) Freiherr Friedrich Maclean, Vater und Schöpfer von 200 Bauerhöfen und von 2000 glücklichen Menschen. Aber weil die hohen, weisen, frommen und christlichen Ritter nie die Menge der Herren ausgemacht haben, so wollen wir lieber das allgemeine Gesetz haben, als den einzelnen Willen.

Die Art, wie die neue oder die französische Bauerfreiheit sich in vielen Gegenden, wo man Frankreichs Beispiele vielleicht zu nah folgte, gemacht hat, kann demjenigen unmöglich gefallen, der einen Begriff von Recht hat und der den geschichtlichen Weg kennt, auf welchem die meisten Rechte, Dienstleistungen und Verbindlichkeiten entstanden sind. Mogten immerhin manche Verhältnisse der Herrschaft und des Dienstes entweder der Idee des Staates überhaupt oder der Entwickelung der Staatsgesellschaft, wie sie nun ist, entgegen oder nicht mehr angemessen seyn, immer mußte eine Ausgleichung der Rechte, eine billige Abfindung oder Ablösung Statt finden; man durfte den Knoten nicht so zerhauen, der doch nicht allenthalben ein gordischer Knoten war und der sich meistens sanfter hätte lösen lassen. Man hat bei der Heftigkeit und Jähheit, womit man zugegriffen hat, dem einen Theile wahrlich nicht immer gegeben, was man dem andern genommen hat; oft haben beide Theile dabei verloren. Und das ist der größte und schlimmste Verlust, wenn man das Volk gewöhnt, daß ohne Form Rechtens Recht gestiftet werden kann. Welche Folgen für Sittlichkeit und Glück der kleinen Landbesitzer und des Staates überhaupt die Leichtigkeit des Wechsel des Besitzes, die Veräußerlichkeit und Wandelbarkeit aller Grundstücke, und die Erlaubniß mit ihnen zu schalten und zu walten, wie jedem gefällt, haben müssen, ist oben angedeutet, und wahrlich nicht mit Übertreibung; so daß wir darin ganz der Meinung der Vertheidiger des alten Lehrsystems, ja selbst einer drückenden Hörigkeit seyn müssen, und mit ihnen bekennen, daß es das Gefährlichste ist, wenn der Staat den Landbesitz und seinen Wechsel so ganz dem Zufall und der Willkühr überläßt. Die Personen müssen frei seyn, aber wenn Stöcke und Steine und Wälder und Berge aus einer Hand in die andere hin und her gehen wie Federn im Winde, wann selbst das Festeste beweglich und flüchtig wird, dann bleibt bei den Menschen auch in dem nichts mehr fest, was die Gesetze unerschütterlich machen sollten wie die ewigen alten Berge Gottes: in der Gesinnung und in der Liebe. Die beiden Stände aber, die diese Kernkraft eines Volkes am einfältigsten und innigsten bewahren, sind auf dem Lande die Bauern und in den Städten die Handwerker. Diese aber verlieren alle festhaltende Gediegenheit und alle sittliche Haltung, wenn man auf dem Lande die Hufen und Höfe des Bauers leicht veräußerlich und wechslich macht und wenn man durch die Auflösung der Zünfte und die Einführung der belobten allgemeinen Gewerbfreiheit die letzte alte Strenge und Zucht der Handwerke durchbricht. Man kann einem im verblendeten Freiheitsschwindel hineintaumelnden Zeitalter nicht genug sagen, daß nicht alles Freiheit ist, was den Schein und den Namen davon hat.

Aber um das Rechte einzurichten und zu erschaffen, dazu bedarf es weder Hörigkeit noch Leibeigenschaft, welche der Willkühr und Ungerechtigkeit häufig Thür und Thor geöffnet und einen Theil der Landbewohner in Sparter, den andern in Heloten verwandelt haben, sondern der Staat kann einen Weg gehen, den die Zeit ihm sehr gebahnt hat, er kann durch Einrichtungen, die ihr angemessen sind, den Zufall und die Willkühr einschränken, welche zuletzt Land und Natur und Menschen verderben, wenn man sie frei schalten läßt, er kann sich zum Oberlehnherrn und ein festes Gesetz zum Lehnrichter machen: denn dem Gesetze sollen alle hörig und leibeigen seyn. Ich sage mit vielen Andern, die es redlich mit dem Vaterlande meinen: Gott gebe uns bald die Männer, welche diesen höchstwichtigen Gegenstand einmal mosisch und lykurgisch ins Aug fassen und dann fest halten!

Wir haben oben ungefähr gesehen, was die Gesetzgeber des Alterthums wollten mit ihren Ackergesetzen, sie wollten die zu große Wandelbarkeit des Landbesitzes hemmen, sie wollten auch hindern, daß nicht zu große und nicht zu kleine Höfe und Güter entstünden: sie wollten die zu große Zerstückelung oder Zusammenschlagung der Grundstücke hindern, weil in beiden für die unteren Volksklassen das Verderben der Armuth und Sittenlosigkeit ist, welche der besitzlosen und heimathlosen Armuth immer auf dem Fuße folgt. Das bezweckten sie damit, daß sie durch ihre Gesetzgebung viele Landbewohner mit mittelmäßigem Vermögen schüfen, daß Tugend und Wehrhaftigkeit bei dem Volke nicht ausstürben. Solche Einrichtungen, als diese durch Gesetze befestigten, machen sich in den Anfängen der Gesellschaft bei freien Völkern von selbst gleichsam durch einen Instinkt der Vernunft und Tugend, der ein Instinkt angeborner Billigkeit und Gerechtigkeit ist. Auch unsere Altvordern hatten das Land so unter sich getheilt, wie oben erwähnt ist, und hatten dabei sehr gedacht and die Wehrlichkeit der Menschen und an die Vertheidigung des Vaterlandes. Denn die Menschen denken oft mehr und tiefer in den Zeiten, wo noch keine Bücher geschrieben worden und keine Schriftgelehrte von Kanzeln und Kathedern predigen. Die Hufe oder das Gütchen eines freien Mannes hatte deswegen Eine Benennung mit der Waffe: sie hieß die Wehr, weil ein bewehrter Mann von ihr ausziehen sollte. Dieses Wort ist in den nördlichen und nordwestlichen Landschaften Teutschlands bis auf den heutigen Tag geblieben. Man fragt nach dem Tode eines Bauers: Wer von den Kindern hat die Wehr (die Hufe) bekommen? man fragt: Ist das Gut wohl in der Wehr? d. h. ist Vieh, Saat, Feldgeräth, Feldbestellung, wie sie seyn sollen? Und wer weiß nicht aus Erfahrung, ja wer fühlt nicht, wenn er an seine eigne Brust klopft, daß in Nöthen und Gefahren das Vaterland am sichersten auf diejenigen rechnet, welche Besitz haben, seyen sie Edelleute oder Bürger und Bauern? Wen aber Häuser und Äcker nicht festhalten, der mag seine leichte Habe und sein leichtes Herz wohl anderswohin tragen und sich bald einbilden, es sey auch da ein Vaterland. Vor allen aber sind viele freie Bauern die rechte Stütze ja der rechte Eckpfeiler eines Staates, nicht nur weil sie auf das innigste an die Erhaltung des Vaterlandes geknüpft sind, sondern weil ihre Arbeiten und Geschäfte Leibesstärke und frischen Naturmuth nähren, wodurch man der rechte tüchtige Kriegsmann wird.

Ich habe Länder gelobt und werde sie je und je loben, wo über die Hälfte, ja wo oft Zweidrittel aller Grundstücke unter mittelmäßige Besitzer vertheilt sind, wo viele freie Bauern wohnen. Wer Schweden, Norwegen, Ditmarsen, Ostfrießland, die Grafschaft Mark, das Havelland und das Herzogthum Magdeburg gesehen hat, weiß und fühlt, warum ich sie lobe. Der Mensch, welcher weiß, was die Herrlichkeit eines Staates ist, fährt mit einem unbehaglichen Gefühle durch die schimmernden adlichen Herrensitze hin, wo die Bauerndörfer zerstört * und wo Haufen von Tagelöhnern und Lohnknechten die einzigen Besteller der Felder sind; auch wird er nicht geblendet durch den vergänglichen und flüchtigen Glanz und Reichthum, den Fabriken geben,

* Ich kann aus diesem Gefühle sprechen. O Land meiner Heimath, wer wird die zerstörten Bauern in dir wieder erschaffen?

welche auf gewisse Weise immer einen Theil des Menschengeschlechts leiblich und geistig verderben – ihn kann allein das Bleibende freuen, das durch die Zeiten dauert: die bleibende Tugend und das bleibende Glück. Diese sieht er nirgend so befestigt als bei dem freien Bauer, der mit mittelmäßigem Vermögen seinen eigenen Acker pflügt. Die Länder, wo wenige Menschen im Besitz ungeheurer Reichthümer endlich fast alle Grundstücke ihr Eigenthum und alle Landbewohner ihre Tagelöhner und Knechte nennen, und auch die, wo eine übertriebene Vertheilung und Zerstückelung der Hufen herrscht, zerstören den gediegenen Kern eines Volkes und werden auf die Länge nicht bestehen können.

Wir wollen einmal England betrachten. Dieses große Land schimmert durch seine Macht, seine Freiheit und seine Reichthümer über ganz Europa, ja über die ganze Erde hin als eine bewunderte Erscheinung; aber wahrlich es steht drinnen nicht so glücklich, als sein Glanz nach außen fällt. Fast alle kleine und mittelmäßige Landbesitzer (die Yeomanry) sind verschwunden, und die Großen und Reichen besitzen das Land und ihre Pachter bebauen es. Auch offenbart sich hier, welche Folge die zu große Ungleichheit des Vermögens, besonders in so fern sie die kleinen Besitzer verschlingt, und ein die Welt umfassendes Fabrikwesen hat. Wie viele Strecken Land in England worauf glückliche Bauern wohnen und wovon Weitzenerndten in die Scheunen gebracht werden könnten, hat die durch kein Gesetz eingeschränkte Laune der Reichen in Wildbahnen und Parks verwandelt! welch eine Überschwemmung von Bettlern aus dieser Verdrängung der geringen Leute vom Grundbesitz, aus diesem mächtigen Fabrikwesen! Jetzt trägt sich dies Alles, weil England über den Handel und über die Schätze der Welt gebietet; aber Weltumwälzungen und vorzüglich Handelsumwälzungen können kommen, – und sie sind vielleicht nicht so fern, als Manche glauben – wodurch die Engländer mehr auf sich selbst zurückgeworfen und zurückgewiesen werden – dann werden sie in ihrer ganzen Häßlichkeit die Verwirrung und Regellosigkeit der Verhältnisse und die Furchtbarkeit des Übels sehen, das sie jetzt verkleistern und versalben aber nicht heilen können *.

In unserm Vaterlande, in Teutschland, sind wir so weit noch nicht, am wenigsten ist uns jetzt der Reichthum gefährlich. Doch sind Landschaften, wo das alte Verhältniß der Hörigkeit und Leibeigenschaft, über dem und über dessen Mißbräuchen die Regierungen nicht immer die gehörige Hut und Wache hielten, die Bauerrn zu sehr zerstört hat? in andern Landschaften mögten sie durch die sogenannte französische Freiheit untergehen, kraft welcher sie verkaufen, vertauschen, verpfänden, versetzen, ja zerfetzen und zerstückeln dürfen wie ihnen gefällt, was vorher durch mancherlei Bande gebunden war, so daß jetzt Krämer und Juden und Judengenossen zum Besitz von Hufen und Höfen gelangen oder diese Hufe auch unter drei, vier Theilhaber

---

* Es sind 5 Jahre, als dies geschrieben ward. Nun frage ich, wie viele sind, die Englands gegenwärtige politische Stellung glücklich preisen?

oder Erben vertheilt und zerstückelt werden können. So daß bei einer übel verstandenen Freiheit das Verhältnis des Grundbesitzes, das ein festes und ehrbares Verhältniß seyn sollte, ein krämerliches und jüdisches und fast vagabundisches Verhältniß wird.

Solche Übel also, welche die Staatsgesellschaft in ihren edelsten Theilen angreifen und verletzen, müssen abgewendet werden und können abgewendet werden durch eine weise Gesetzgebung, welche den Staat nicht wie ein kolleriges Pferd von dem Ungefähr und dem Zufall, die auch oft den Koller haben, zu Tode reiten läßt, sondern welche, ohne Rücksichten auf die Bedürfnisse und Vortheile des Augenblicks, allein das Bleibende und Nothwendige sucht. Das Land und der Landbesitz dürfen nicht frei gelassen werden, wie die Personen; das haben alle Gesetzgeber gefühlt, die sich auf ihr großes Werk verstanden. Der Mensch, der in sehr entwickelten und verwickelten Zuständen der politischen Gesellschaft die Ordnung der Natur und also auch die Ordnung der Gesellschaft verkehrt, muß der zu großen Willkühr, die endlich einem baaren Zufall gleich wird, ein Maaß und ein Ziel setzen: *Er muß Ackergesetze geben, der Bauer und kleine Grundbesitzer muß ein unmittelbarer Lehnmann, er muß der Hörige des Staats werden.*

Das haben wir genug bewiesen und angedeutet, da es auf die Länge nur in solchen Ländern wohl stehen kann, in welchen die Hälfte, wo nicht Zweidrittel der Grundstücke von Bauern oder kleinen bauerähnlichen Besitzen besessen und bewohnt werden. Wo dieses Verhältniß so ist, da hat der Staat nichts weiter zu thun, als es durch verständige Gesetze zu befestigen und zu erhalten; wo es aber durch Sorglosigkeit der Regierungen oder durch Mißbräuche einer zügellosen Freiheit verrückt oder gar zerstört ist, da muß man es wieder herstellen. Zu dieser Wiederherstellung könnten in den Ländern, wo das Verhältniß aufgehoben ist, die öffentlichen Staatsgüter angewandt werden, die man gewöhnlich Krongüter oder Domänen nennt. Ich will sagen wie; ich kann die Sache durch ein wirkliches Beispiel erklären.

In dem ehemaligen schwedischen Pommern und Rügen, welches jetzt mit dem preußischen Staate verbunden ist, waren durch einen Mißbrauch der adlichen oder städtischen Herrenrechte die meisten Bauerndörfer zerstört und in große Güter von 600 bis 1500 Scheffel jährlicher Aussaat (berliner Scheffelmaaß) verwandelt. Gustav Adolf der Vierte, König von Schweden, damals Oberherr jener Länder, ein Herr, dessen wechselnden und verhängnißvollen Schicksalen meine Augen immer mit Mitleid folgen werden, weil er die Gerechtigkeit und das kleine Volk liebte, hatte in seinem Vaterlande zu viel Bauerglück und Bauernwohlstand gesehen, als daß er den Unterschied nicht hätte fühlen sollen, den er in seiner teutschen Landschaft gewahrte. Diese Landschaft hatte viele und große Krongüter, zum Theil von dem eben angegebenen Maaße Aussaat. Diese beschloß der König, der sah, wie wenig Bauern hier noch übrig waren, in mehrere kleinere Theile zu zerschneiden und auf Pacht längerer Jahre oder auf Erbpacht an einzelne Landbauern auszuthun. Dieser Entwurf war nun freilich unvollkommen, weil er keine Landbesitzer sondern nur Landgenießer machte, aber es war doch ein Entwurf, der aus dem Gefühle entsprang, daß neben den großen auch mittelmäßige und kleine Landbesitzer wohnen sollten.

Auf eine ähnliche Art würde ich, wenn ich die Macht hätte ein Macher zu seyn, es mit den Domänen machen, wo sie noch sind. Ich würde sie nämlich nach den Örtlichkeiten und nach ihrer verschiedenen Lage und Fruchtbarkeit zu Gütchen von ein, zwei bis drei Hufen Land eintheilen; aber ich würde sie nicht auf Zeitpacht oder Erbpacht weggeben, sondern sie ordentlich verkaufen, aber unter folgenden Bedingungen:

Diese Güter wären gleichsam Lehen des Staats; sie gehörten freilich dem Käufer und seinen Erben eigenthümlich, aber folgende Eigenschaften und Verpflichtungen hafteten darauf:

1) Sie giengen für alle künftigen Zeiten zu Bauerrecht. Bauern und Bauergenossen könnten sie nur besitzen und bewohnen, kein Edelmann, kein Kaufmann, kein Handwerker, kein Fabrikant; auch könnte kein Pächter oder Zinsgeber darauf wohnen noch gehalten werden, sondern der Eigener müßte selbst darauf sitzen, oder sonst, wenn er ein anderes Geschäft ergreifen wollte, sie an seine Verwandte oder an Bauergenossen überlassen.

2) In der Nachfolge giengen die Söhne den Töchtern vor. Damit das Gut in Wehr bliebe und der Besitzer nicht durch Schulden an tüchtiger Wirthschaft gehindert würde, hätte der Antreter, wenn das Gut schuldenfrei wäre, seine Geschwister

und Miterben nur mit einem Sechstel des Werthes der Grundstücke abzufinden; die bewegliche Habe aber außer dem durch das Gesetz bestimmten nothwendigen Geräth und Vieh würde unter alle gleich getheilt. – Ein einziger Sohn wäre immer der Erbe, unter mehreren Söhnen bestimmte das Loos über die Nachfolge. Hinterließe der Lehnbauer nur Töchter, looseten diese ebenfalls. Unmündige Geschwister hätte der Nachfolger bis zum achtzehnten Jahre zu verpflegen und zu erziehen, Mütter und Großmütter ehrlich zu erhalten und zu verpflegen bis an ihren Tod: die Art und das Maaß würde das Gesetz bestimmen.

3) Die bewegliche Habe, welche Ehegatten zusammenbrächten, würde, wann Kinder geboren würden, gemeinschaftliches Vermögen. Wären keine Kinder da und der Lehnbauer stürbe vor der Frau, so nähme sie ihr Eingebrachtes wieder und räumte den Erben das Gut. Hätte sie Kinder gehabt, die vor ihnen gestorben wären, so erbte der Überlebende die ganze bewegliche Habe des Verstorbenen.

Solche Güter mögten auch auf welche Art immer veräußert werden, aber nur mit Einstimmung derer, die es angienge, und mit der Bedingung, daß sie wieder an Bauergenossen kämen. – Ein Besitzer ohne Kinder und Lehnverwandte, die Ansprüche auf ein solches Gut hätten, mögte es veräußern bei seinem Leben und darüber verfügen nach seinem Tode, versteht sich inner der Genossenschaft.

Wie ein Bauer nicht mehrere solcher Güter besitzen dürfte, so dürften auch die Felder mehrerer solcher Güter nicht zu Einem Gute zusammengezogen werden. Eben so wenig wäre ein solches Bauergut in mehrere kleine theilbar.

Unter eben dieses Gesetz, das ich über meine gemachten Bauerlehen walten ließe, stelle ich die Bauergüter, die sich in meinen Staaten noch finden, damit sie dem Bauerstande in ordentlicher Wehr bewahrt werden und damit der so wichtige Bauerstand dem Vaterlande erhalten werde.

Wie groß ein Bauergut seyn müsse, damit eine Familie in bescheidener Mittelmäßigkeit des Daseyns davon leben könne, läßt sich nicht von vorn her bestimmen. Das hangt von dem Himmelstriche von der Fruchtbarkeit des Bodens und von den Gewerben der Gegend ab, wo die Güter liegen. Aber da die zu kleine Ackerwirthschaft durchaus nichts taugt, da die zu große Zerstückelung der Grundstücke den Bauerstand in ein allerlei treibendes, luftiges und vagabundisches Gesindel verwandelt, so muß ein Kleinstes gesetzt werden, bis zu welchem man hinabsteigen darf. Dies hat man auch in Ländern gethan, wo man die wahren Begriffe von Freiheit hat, z. B. in Schweden, wo die zu sehr verkleinernde Zertheilung der Höfe (die übrigens dort in vielen Landschaften weit größeren Umfang haben, als bei uns die Bauerhöfe) durch das Gesetz verboten ist.

Diese meine Bauerordnung würde vorzüglich für das eigentliche Bauerland, für die Ebenen gelten; wo Waldbau, Weinbau, Obstbau, Bergbau das Hauptgewerb der Menschen sind, da sind die Verhältnisse anders und die Geschäfte beschränken sie selbst auf einen kleineren Raum. Auf den weiten Feldern und Ebenen aber, wo das Sichabründen so bequem ist, werden, wenn der Staat gar keine Beschränkung setzt, die einzelnen Höfe und Hufen entweder von den Reichen verschlungen, (welche sie in große Höfe und Herrensitze verwandeln; wie wir dies in genug Gegenden des Vaterlandes sehen) oder der Bauerstand verarmt und verdirbt auch durch zu große Zerstückelung die Ländereien.

Wenn der Staat auf diese Weise den Bauerstand an seine Erdscholle befestigt hat, bleibt, je nachdem jedes Land eingerichtet und gelegen ist, noch die Hälfte oder wenigstens ein Drittel aller Ländereien für jeden andern beliebigen Besitz frei. Ich sage beliebig, obgleich ich wünschte, daß der Adel, eben so wie der Bauer, allein auf Landbesitz gegründet und an sein Land fest gebunden würde, daß es allein einen Majoratsadel gäbe nach dem Erstgeburtsrecht. Ich weiß, beides gegen die Art Nachfolge in meine Bauernlehen und gegen dies adlichen Majorate werden sich viele entrüsten, die einen, weil es ihnen eine Unfreiheit, die anderen, weil es ihnen eine Grausamkeit däucht. Diese letzten sprechen aus einem einzelnen Familiengefühl; der Staat aber muß aus einem allgemeinen Familiengefühle sprechen. Er hat Millionen Kinder, er hat sie nicht blos heut und morgen oder dreißig Jahre und vierzig Jahre, sondern auf dreißig und vierzig Jahrhunderte muß er seine Rechnung machen, ja auf alle Zeiten ohne Gränze und Ziel; wenigstens müssen seine Gesetze die allgemeine Liebe und Gerechtigkeit in sich tragen, daß sie durch ihre Gesinnung und Weisheit würdig wären ewig zu dauren. Das einzelne Familiengefühl spricht: „Es ist doch unrecht, daß des Bauers und des Edelmanns Kinder bei seinem Tode sich in die hinterlassene feste und liegende Habe nicht gleich theile; warum soll einer so viel haben und alle die andern so wenig?" Der Staat antwortet ihnen: „Ich handle aus einem höheren Recht und einer höheren Pflicht, ich muß das bessern, was eure unzeitige Thorheit, ja eure thörichte Liebe zu eurer eigenen Zerstörung immer thun will. Ihr mit euren Gefühlen würdet aus dem Bauer und Edelmann Bettler und Vagabunden machen; ich muß sorgen, daß die beiden Stände in Wohlhabenheit, Rechtlichkeit und Ehre erhalten werden; ich muß auch durch meine Gesetze und Ordnungen vor allen Dingen den Grundsatz zu dem lebendigsten machen, daß Silber und Gold und was ihr Vermögen nennt, von mir nicht als das Erste hingestellt und gesucht wird, sondern festes Glück und bleibende Tugend."

Ja es ist meine feste Überzeugung, daß, wenn der Adel in alter Ehre, Würde und Unabhängigkeit und ohne den Neid der andern Stände bestehen soll, er auf festem, bleibendem Landbesitz und auf Majoraten mit dem Erstgeburtsrecht gegründet seyn muß: der Edelmann muß ein Landherr seyn, wie der Bauer der Landmann. Es müßte auch überhaupt kein neuer Edelmann gemacht werden, der nicht die Würdigkeit hätte, daß der Herrscher oder das Volk ihn so mit liegenden Gründen begabte, daß die Unabhängigkeit seiner Familie nach ihm gesichert wäre. Wenn ich gesagt habe, daß arme und vagabundische Bauern ein Unglück und Verderben des Staats sind, so meine ich dies noch weit mehr von einem armen, vagabundischen Adel. Ein Land kann viel zu viel Adel haben; und es ließe sich nach der Volksmenge und den Verhältnissen und Hülfsmitteln eines jeden Landes wohl die Zahl bestimmen, die es tragen könnte: es ließe sich für jedes Land ein goldenes Buch machen, und es sollte gemacht werden. Wir kennen Polens Geschichte und kennen seinen wimmelnden Adel; auch Schweden ist mit zu vielem und zu armem Adel überschwemmt; auch in einigen teutschen Landschaften ist dies der Fall. Es ist lange ein trauriger Haß gewesen zwischen dem Mittelstande und dem Adel, und er ist leider noch nicht ausgestorben und hat seine bösen Folgen auf das Ganze, da durch diesen unseligen Neid so manches Gute gehindert und durchkreuzt wird. Dieser Haß und Neid stammt zum Theil aus dem alten Soldatenwesen, wie es vor zwanzig, ja an manchen Orten vor zehen Jahren noch bestand; er stammt wohl mehr noch aus der Herabwürdigung und wirklich unanständigen und fast schimpflichen Vermehrung des Adels durch die Reichskanzleien, wodurch der alte Adel sein Verdienstgepräge verlor. Krämer, Roßtauscher, Lieferanten, Ochsenmäster und Brantweinbrenner, ohne ein anderes Verdienst als das Verdienst einer gefüllten Tasche, kauften des heiligen römischen Reichs Adel für 80 und 100 Dukaten in der Kanzlei in Wien; ja während der Ledigkeit des Kaiserstuhls, wie wohlfeil und wie schmutzig verschacherten die Angestellten in den Kanzleien der Reichsverweser oft die Würden von Edelleuten, Freiherrn, und Grafen!

Soll also Adel seyn – und daß er seyn soll, sagt alle Geschichte, was auch metaphysische Staatstheorien dagegen sagen – so muß er reich und unabhängig seyn; damit er in freier Ehre und Würde im Staate stehen und durch seine selbstständige Haltung wohlthätig auf das Ganze wirken können. Ein armer Adel löscht bei dem Volke die Idee des ganzen Standes aus. Er hat durch seine Geburt Ansprüche, die er ohne Vermögen schwerlich erfüllen kann; er muß also dienstbar, glücksuchend ja oft glückjagend seyn, wie Menschen aus den untersten Klassen, er muß Künste für sein Fortkommen gebrauchen, die wenigstens solchen nicht ziemen. Darum ist die englische Art weise, wo der Älteste des Hauses das Haupt und der Vertreter aller Mitglieder desselben und der Besitzer der Güter ist, wo aber die Jüngeren und die Seitenverwandten meistens zum Volke gerechnet werden und ohne Erniedrigung oder Beschimpfung ihres edlen Blutes alle Gewerbe und Geschäfte treiben mögen; und darum ist der Adel auch nirgends so geachtet, als in England. Auch in Schweden ist in den letzten Jahrzehenden eingesehen, daß zu zahlreicher Adel den Stand verkleinert und dem Staate schadet. Auf dem Reichstage zu Stockholm im Sommer des Jahres 1809 ist ein Gesetz gegeben, daß bei neu geadelten oder um eine Stufe erhöheten Familien der Älteste dem Vater oder Erblasser immer in Besitz und Rang folgen soll, die jüngeren Brüder aber zu der unter dem Range des Vaters stehenden Klasse gerechnet werden sollen.

Wir leben in einer Zeit des Streites der Gefühle, Ansichten und Meinungen und auch der Redlichste wird durch die allgemeine Bewegung, welcher er sich nicht wohl entziehen mag, oft wider Willen von dem ruhigen Standpunkte der Betrachtung weggetrieben. Auf der Höhe des wilden Meeres gründen die Anker nicht und am Strande braust die Wellenbrandung zu gewaltig, als daß die Gedanken sich vor Anker legen könnten. Soviel indessen haben wir alle begriffen, daß der Ruf nach Freiheit und Gesetzlichkeit dieser Zeit sehr natürlich war und natürlich ist, daß aber von vielen eine Freiheit begehrt worden, welche auf Erden nimmer seyn kann noch seyn darf. Das haben Wenige bedacht, daß, wenn man alles frei läßt, nichts frei bleibt, sondern nothwendig ein Zustand der Auflösung und Ausschweifung entstehen muß, der die Freiheit in ihren Keimen tödtet. Das ist das Geheimniß der wahren Freiheit, daß der Mensch durch viele sächliche Bande, durch Einrichtungen, die sich zunächst auf Dinge außer ihm und erst in der dritten, vierten Instanz auf ihn beziehen, gehalten und zur Zucht und Ordnung und zu dem heiligen Gefühle des Stätigen und Bleibenden, ohne welches keine gute Bürger seyn können, angehalten werde. In dieser Hinsicht wünsche ich meine vorgeschlagene Bauerordnung, (oder wenigstens eine ähnliche) ich wünsche den Adel auf Majoraten gegründet, und bei den Handwerken die Erhaltung der Zünfte und Innungen, von welchen man ja die Mißbräuche wegthun kann. Unser Zeitalter ist ein Saturnus, der seine eigenen Kinder auffrißt, und sich dann im Taumel seines blutigen Rausches an den dicken Bauch schlägt, und den Leuten zuruft: seht hier die Folgen der Freiheit! seht hier das von Wahn und Knechtschaft erlöste Menschengeschlecht! Die Franzosen haben damit angefangen, sie haben das Kapital von Jahrhunderten in fünfundzwanzig Jahren aufgefressen;

andere Regierungen haben es ihnen in manchen Ländern aus Noth nachmachen müssen, hie und da haben sie es ihnen in verblendeter Thorheit nachgemacht. Alle Verhältnisse wurden aufgehoben, alle Bande zersprengt, gute und böse, nützliche und schädliche, die Sachen wurden so frei gegeben wie die Personen, und die Stürme und Vulkane der Zeit weheten beide wie Federn und Aschen umher. Und das ist noch das Schlimmste, was freilich vor fünfzig und sechzig Jahren schon in einigen Ländern galt, was jetzt aber in so vielen fast allgemeine Ansicht und Grundsatz geworden ist, daß diese ungebührliche Freilassung die verwünschte Fabriksüchtigkeit und Fabrikflüchtigkeit in die Menschen und ihre Einrichtungen gebracht hat, und daß die ganze Erde und der Staat selbst von vielen Staatsverwaltern und Staatseinrichtern fast nur wie eine Fabrikanstalt gewürdigt und verwaltet wird. Was man heute bedarf, was ein Mensch und ein Ding morgen einträgt, das fragt man mit hungriger Gier, und deswegen kann man mit den kurzen Augen nicht sehen, was die künftige Zeit bedürfen wird, und was die künftigen Dinge und Menschen seyn und tragen werden. Es giebt gewisse natürliche Verhältnisse in der Verwaltung und Einrichtung der Erde und des Staates und unter den verschiedenen Klassen der Staatsgesellschaft, welche nimmer hätten gestört und gebrochen werden sollten, und für deren Erhaltung der Staat sorgen muß, wenn er selbst erhalten werden will. Wir wollen die Fertigkeit und Geschicklichkeit der Menschen immer loben, welche durch künstliche Geräthe und Maschinen Einem Menschenarm die Kraft von hundert Armen und Einer Hand die

Verrichtung von dreißig Händen geben können; aber wir sagen es gradezu: Lieber wollen wir keine einzige Maschine als die Gefahr, daß dies Maschinenwesen uns die ganze gefundene Ansicht vom Staate und die alle Tugend, Kraft und Rechtlichkeit erhaltenden einfachen und natürlichen Klassen und Geschäfte der Gesellschaft zerrüttet. Wenn alle Handwerker Fabrikanten werden, wenn der Ackerbau selbst endlich wie eine Fabrik angesehen und betrieben wird – kurz wenn das Einfältige, Stätige und Feste aus den menschlichen Einrichtungen weicht, dann steht es schlecht um das Glück und die Herrlichkeit unsers Geschlechts. Wenn wir dahin kämen, daß Axt und Säge und Senkblei von selbst Häuser zuschnitten und aufrichteten, daß der Pflug und die Sense von selbst den Acker pflügten und abärndteten, wenn wir endlich auf Dampfmaschinen über Berg und Thal fahren und auf Luftbällen in die Schlacht reiten könnten, kurz wenn wir nur neben unsern künstlichen Maschinen, die alle Arbeit für uns thäten, so hinzuschlendern brauchten, dann würden wir ein so entartetes, nichtiges und elendiges Geschlecht werden, daß die Geschichte auf ewig die Bücher von uns schlösse.